高等学校信息技术
人才能力培养系列教材

微课版

U0287896

大学计算机基础
实践教程

（Windows 10+Office 2016）（第2版）

曾辉 熊燕 范兴亮 ◉ 主编　许倩 李垠昊 ◉ 副主编

Experiments on Fundamentals
of Computers

人民邮电出版社
北　京

图书在版编目（CIP）数据

大学计算机基础实践教程：Windows 10+Office
2016：微课版 / 曾辉，熊燕，范兴亮主编. -- 2版. --
北京：人民邮电出版社，2023.1
　高等学校信息技术人才能力培养系列教材
　ISBN 978-7-115-60279-4

　Ⅰ. ①大… Ⅱ. ①曾… ②熊… ③范… Ⅲ. ①
Windows操作系统－高等学校－教材②办公自动化－应用软
件－高等学校－教材 Ⅳ. ①TP3

中国版本图书馆CIP数据核字(2022)第194533号

内 容 提 要

　　本书是《大学计算机基础（Windows 10+Office 2016）（微课版 第 2 版）》一书的配套实践教程。
全书分为两部分：第 1 部分是实验指导，从计算机与信息技术基础、计算机系统的构成、操作系统基
础、计算机网络与 Internet、文档编辑软件 Word 2016、电子表格软件 Excel 2016、演示文稿软件
PowerPoint 2016、多媒体技术及应用、信息检索和信息安全与职业道德 10 个方面来组织内容；第 2
部分是习题集，按照《全国计算机等级考试一级计算机基础及 MS Office 应用考试大纲（2022 年版）》
《全国计算机等级考试二级 MS Office 高级应用与设计考试大纲（2022 年版）》《大学计算机基础
（Windows 10+Office 2016）（微课版 第 2 版）》的内容配置习题。本书最后附有参考答案，方便学生自
测练习。

　　本书适合作为本科、高职院校"大学计算机基础"课程的教材，也可作为计算机技术相关培训或
全国计算机等级考试一、二级 MS Office 考试的参考书。

◆ 主　　编　曾　辉　熊　燕　范兴亮
　　副主编　许　倩　李垠昊
　　责任编辑　李媛媛
　　责任印制　王　郁　陈　犇

◆ 人民邮电出版社出版发行　　北京市丰台区成寿寺路 11 号
　　邮编　100164　电子邮件　315@ptpress.com.cn
　　网址　https://www.ptpress.com.cn
　　固安县铭成印刷有限公司印刷

◆ 开本：787×1092　1/16
　　印张：10.25　　　　　　　　　　2023 年 1 月第 2 版
　　字数：243 千字　　　　　　　　2025 年 2 月河北第 10 次印刷

定价：39.80 元

读者服务热线：(010)81055256　印装质量热线：(010)81055316
反盗版热线：(010)81055315

前 言
PREFACE

信息时代，计算机科学与技术迅速发展和广泛应用，计算机已经渗透到人们生活、工作和学习的各个方面。党的二十大报告提出，"推动战略性新兴产业融合集群发展，构建新一代信息技术、人工智能、生物技术、新能源、新材料、高端装备、绿色环保等一批新的增长引擎。""加快发展物联网，建设高效顺畅的流通体系，降低物流成本。加快发展数字经济，促进数字经济和实体经济深度融合，打造具有国际竞争力的数字产业集群。"可见计算机在社会发展中起着重要的作用，因此，能够运用计算机进行信息处理已成为每位大学生必备的基本素养。

"大学计算机基础"作为一门普通高校的公共基础必修课程，对学生今后的就业和工作都有较大的帮助。为了达到全国计算机等级考试一、二级MS Office的操作要求，并弥补学生实际操作能力的不足，我们在编写《大学计算机基础（Windows 10+Office 2016）（微课版 第2版）》之后，又组织经验丰富的老师编写了这本配套的辅导用书，为学生提供实验指导和习题集。

本书特点

本书基于"学用结合"的原则编写，主要有以下特色。

1. 可配合主教材使用，全面提升学习效果

本书分为两部分：第1部分为实验指导，根据主教材的内容，分章列出实验指导（其中主教材的"第11章 计算机新技术及应用"属于理论知识，不设实验指导），以便学生在实验时使用，对于这部分内容，学生要达到掌握的程度；第2部分为习题集，按照主教材的内容，分章列出每章的练习题。通过对这两部分内容的学习，学生不仅可以提升实践能力，还可以提升综合应用能力。

2. 科学有效的实验指导，让学习事半功倍

本书的实验指导部分采用"实验学时+实验目的+相关知识+实验实施+实验练习"的结构进行讲解。"实验学时"和"实验目的"板块供老师和学生在课前参考；"相关知识"板块总结归纳了实验涉及的知识；"实验实施"板块给出了实验的关键步骤和操作提示，引导学生自行上机操作；"实验练习"板块提供了精选的习题，供学生进行知识的巩固和强化。

3．习题类型丰富，巩固基础理论知识

本书在习题部分安排了单选题、多选题、判断题和操作题，题型丰富，主要考查学生对主教材基础理论知识的掌握程度，使学生在巩固所学知识的同时查漏补缺。附录提供了参考答案，以便学生进行自测练习。

4．提供微课视频，强化实践能力

本书实验指导部分的"实验实施"和"实验练习"板块配有微课视频，习题部分的操作题也配有微课视频。学生可扫描书中的二维码，观看详细的操作步骤，从而提升实践和操作能力。

配套资源

本书的配套资源包括微课视频、素材与效果文件，读者可以登录人邮教育社区（www.ryjiaoyu.com），搜索本书书名，在打开的页面中下载需要的资源。

编 者

2023年6月

目　录
CONTENTS

第 1 部分　实验指导

目录

第 2 部分　习题集

第 1 部分
实验指导

第1章
计算机与信息技术基础

主教材的第1章首先讲解计算机的发展，然后介绍计算机的基本概念和科学思维，接着介绍计算机中的信息表示，最后介绍算法。本章将介绍不同数制之间的转换这个实验，以帮助学生充分了解计算机中的信息表示。

实验 不同数制之间的转换

（一）实验学时

1学时。

（二）实验目的

◇ 掌握非十进制数转换为十进制数、十进制数转换为其他进制数的方法。

◇ 掌握二进制数转换为八进制数、十六进制数的方法。

（三）相关知识

数制是指用一组固定的符号和统一的规则来表示数值的方法。其中，按照进位方式计数的数制称为进位计数制。常用的进位计数制包括二进制、八进制、十进制和十六进制4种。处在不同位置的数码代表的数值各不相同，分别具有不同的位权值，数制中数码的个数称为数制的基数。如十进制数828.41，将其按位权展开可写成 $8 \times 10^2 + 2 \times 10^1 + 8 \times 10^0 + 4 \times 10^{-1} + 1 \times 10^{-2}$，其中，$10^i$ 称为十进制数的位权数，其基数为10。使用不同的基数，可得到不同的进位计数制。

（四）实验实施

1. 非十进制数转换为十进制数

将二进制数、八进制数和十六进制数转换为十进制数时，只需用该数制的各位数乘以它们各自的位权数，然后将乘积相加，即可得到对应的结果。

（1）将二进制数1010转换为十进制数。先将1010按位权展开，再将乘积相加，转换过程如下。

$(1010)_2 = (1 \times 2^3 + 0 \times 2^2 + 1 \times 2^1 + 0 \times 2^0)_{10} = (8+0+2+0)_{10} = (10)_{10}$

（2）将八进制数 332 转换为十进制数。先将 332 按位权展开，再将乘积相加，转换过程如下。

$(332)_8 = (3 \times 8^2 + 3 \times 8^1 + 2 \times 8^0)_{10} = (192+24+2)_{10} = (218)_{10}$

2. 十进制数转换为其他进制数

将十进制数转换为二进制数、八进制数和十六进制数时，可将十进制数分成整数部分和小数部分分别进行转换，再将结果组合起来。例如，将十进制数 225.625 转换为二进制数，可以先用除 2 取余法进行整数部分的转换，再用乘 2 取整法进行小数部分的转换，转换结果为 $(11100001.101)_2$，具体转换过程如图 1-1 所示。

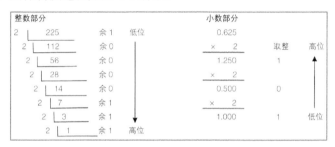

图 1-1　十进制数转换为二进制数的过程

又如将十进制数 150 转换为二进制数，将其除以 2，余数为位权上的数，将得到的商值继续除以 2，依此步骤向下运算直到商为 0 为止，转换结果为 $(10010110)_2$。

3. 二进制数转换为八进制数、十六进制数

（1）将二进制数转换为八进制数采用的转换原则是"3 位分一组"，即以小数点为界，整数部分从右向左每 3 位为一组，若最后一组不足 3 位，则在最高位前面添 0 补足 3 位，然后将每组中的二进制数按权相加得到对应的八进制数；小数部分从左向右每 3 位分为一组，最后一组不足 3 位时，则在最低位后面用 0 补足 3 位，再按顺序写出每组二进制数对应的八进制数即可。

将二进制数 10010110 转换为八进制数，转换过程如下。

二进制数　　010　　010　　110

八进制数　　2　　　2　　　6

得到的结果为 $(226)_8$。

（2）将二进制数转换为十六进制数采用的转换原则与将二进制数转换为八进制数采用的转换原则类似，为"4 位分一组"，即以小数点为界，整数部分从右向左、小数部分从左向右每 4 位一组，不足 4 位的用 0 补齐。

将二进制数 100101100 转换为十六进制数，转换过程如下。

二进制数　　　0001　　0010　　1100

十六进制数　　1　　　2　　　　C

得到的结果为 $(12C)_{16}$。

4. 八进制数、十六进制数转换为二进制数

（1）将八进制数转换为二进制数采用的转换原则是"一分为三"，即从八进制数的低位开

始，将八进制数上的每一位数写成对应的 3 位二进制数。如有小数部分，则从小数点开始，分别在左右两边按上述方法进行转换即可。

将八进制数 226 转换为二进制数，转换过程如下。

八进制数　　 2　　 2　　 6

二进制数　 010　 010　 110

得到的结果为（10010110）$_2$。

（2）将十六进制数转换为二进制数采用的转换原则是"一分为四"，即把十六进制数上的每一位数写成对应的 4 位二进制数。

将十六进制数 12A 转换为二进制数，转换过程如下。

十六进制数　　 1　　 2　　 A

二进制数　 0001　 0010　 1010

得到的结果为（100101010）$_2$。

（五）实验练习

1. 将下列非十进制数转换为十进制数。

（1011001001001100101 01）$_2$=1460629

（349）$_{16}$=841

（172）$_8$=122

（1000000111010101 10101）$_2$=1063605

（256）$_8$=174

（11110001010110）$_2$=15446

（199）$_{16}$=409

（333）$_8$=219

（594）$_{16}$=1428

2. 将下列十进制数转换为二进制数。

（330）$_{10}$=101001010

（1000）$_{10}$=1111101000

（1319）$_{10}$=10100100111

（152）$_{10}$=10011000

3. 将下列八进制数、十六进制数转换为二进制数。

（236.3）$_8$=10011110.011

（1156.54）$_8$=1001101110.1011

（3256）$_8$=11010101110

（3C9B）$_{16}$=11110010011011

（2A6D）$_{16}$=10101001101101

（9C2E3F）$_{16}$=100111000010111000111111

第 2 章
计算机系统的构成

主教材的第2章主要通过介绍计算机的硬件系统和操作系统，帮助学生了解计算机系统的构成。本章将介绍连接计算机硬件这个实验，以帮助学生掌握连接计算机硬件的方法。

实验 连接计算机硬件

（一）实验学时

2 学时。

（二）实验目的

◇ 认识计算机的基本结构及组成部分。
◇ 了解计算机各硬件的基本功能。
◇ 掌握计算机硬件的连接步骤。

（三）相关知识

1. 计算机的基本结构

尽管各种计算机在性能和用途等方面有所不同，但是它们的基本结构都遵循冯·诺依曼体系结构，遵循冯·诺依曼体系结构的计算机称为冯·诺依曼计算机。冯·诺依曼计算机主要由运算器、控制器、存储器、输入设备和输出设备 5 部分组成。

2. 认识计算机硬件

计算机的常见硬件主要包括以下几种。

（1）微处理器。微处理器是由一片或少数几片大规模集成电路组成的中央处理器（Central Processing Unit，CPU），这些电路用于实现控制部件和算术逻辑部件的功能。CPU 中不仅有运算器、控制器，还有寄存器与高速缓冲存储器。CPU 既是计算机的指令中枢，也是系统的最高执行单位。

（2）内存储器。内存储器也称内存，是计算机中临时存放数据的地方，也是 CPU 处理数据的中转站。内存的容量和存取速度将直接影响 CPU 处理数据的速度。内存主要由内存芯片、电路板和金手指等组成。

（3）主板。主板是机箱中最重要的电路板。主板上布满了各种电子元器件、插座、插槽和外部接口，可以为计算机的所有部件提供插槽和接口，并通过其中的线路协调所有部件的工作。

（4）硬盘。硬盘是计算机中最大的存储设备，通常用于存放永久性的数据和程序。硬盘容量是硬盘的主要性能指标之一，包括总容量、单碟容量和盘片数 3 个参数。

（5）鼠标。根据鼠标按键的不同，可以将鼠标分为 3 键鼠标和两键鼠标；根据鼠标工作原理的不同，可将鼠标分为机械鼠标和光电鼠标。

（6）键盘。用户可以通过键盘直接向计算机输入各种字符和命令，从而简化计算机的操作。不同生产厂商生产出的键盘型号各不相同。目前，常用的键盘有 107 个键位。

（7）显卡。显卡的功能主要是将计算机中的数字信号转换成显示器能够识别的信号，再对要显示的数据进行处理和输出。显卡可分担 CPU 的图形处理工作。

（8）显示器。显示器是计算机的主要输出设备，其作用是将显卡输出的信号（模拟信号或数字信号）以肉眼可见的形式表现出来。目前，常用的显示器类型为液晶显示器（Liquid Crystal Display，LCD）。

（四）实验实施

通常，计算机的主机、显示器、鼠标和键盘是分开包装的。购买计算机后，需要将计算机的各组成部分连接在一起，具体操作如下。

（1）将计算机的主机和其他需要连接的硬件放在桌子的相应位置，首先将 USB 鼠标和 USB 键盘的连接线插头对准机箱后面的主板扩展插槽的 USB 接口并插入，如图 2-1 所示。

微课：连接计算机各组成部分的具体操作

（2）将显示器包装箱中配置的数据线的高清多媒体接口（High Definition Multimedia Interface，HDMI）插头插入机箱背部的主板扩展插槽或显卡的 HDMI 接口中，如图 2-2 所示。如果数据线是数字视频接口（Digital Visual Interface，DVI）或视频图形阵列（Video Graphics Array，VGA）插头，则对应连接显卡或主板的接口。

（3）将显示器包装箱中配置的电源线一头插入显示器的电源接口中，再将显示数据线的另外一个插头插入显示器后面的 HDMI 接口中，如图 2-3 所示。

图2-1 连接鼠标和键盘

图2-2 连接显卡

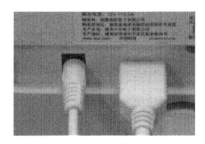
图2-3 连接显示器

（4）检查连线，确认无误后将主机电源线连接到主机后的电源接口，如图2-4所示。

（5）将显示器的电源插头插入电源插线板中，如图2-5所示。

（6）将主机的电源线插头插入电源插线板中，完成连接计算机硬件的操作后即可通电，如图2-6所示。

图2-4　连接电源线　　　　图2-5　连接显示器电源线　　　　图2-6　主机通电

（五）实验练习

学习本章，我们需要学会组装和拆卸计算机的相关操作，下面就先观察计算机的组成部分，重点掌握主板各个部件的名称、功能等；然后将机箱与外部硬件设备的连接线拆除；最后取下机箱侧板，将机箱中安装的硬件全部拆卸下来。

1. 拆除连接线

关闭电源开关，拔下主机箱上的电源线，在机箱后侧将一些连接线的插头直接向外水平拔出，包括键盘线、鼠标线、主电源线、USB线、音箱线、网线和显示数据线等。

2. 拆卸机箱

拆卸机箱的操作提示如下。

（1）拧下固定机箱的螺丝钉，取下机箱两个侧板。

（2）打开机箱后就可以拆卸板卡，先用螺丝刀拧下条形窗口上固定板卡的螺丝钉，然后用双手捏紧接口卡的上边缘，平直地拔出板卡。

（3）拆卸板卡后需要拔下硬盘的数据线和电源线。接着就需要拆下硬盘，先拧下两侧固定驱动器的螺丝钉，然后将硬盘抽出。

（4）将插在主板电源插座上的电源插头拔下，需要拔下的插头还有CPU散热器电源插头和主板与机箱面板按钮连线插头等。

（5）取下内存条。

（6）拆下CPU。先拆卸CPU散热器，然后将CPU插槽旁边的CPU固定拉杆拉起，捏住CPU的两侧，小心地将CPU取下。

（7）拆卸硬盘上覆盖的散热片，然后取出硬盘，装回散热片。

（8）拧下固定主板的螺丝钉，将主板从机箱中取出来。

（9）拆下主机电源。先拧下固定的螺丝钉，再握住电源向后抽出机箱。

第 3 章
操作系统基础

主教材的第3章以Windows 10为操作平台，介绍Windows 10的基本操作及高级操作，主要包括Windows 10入门、Windows 10程序的启动与窗口操作、Windows 10 的汉字输入、Windows 10的文件管理、Windows 10的系统管理、Windows 10的网络功能、Windows 10的备份与还原。通过本章的实验，学生可以掌握Windows 10的基本操作及高级操作。

实验一 Windows 10的基本操作

（一）实验学时

2 学时。

（二）实验目的

◇ 了解 Windows 10 的基础知识。
◇ 掌握 Windows 10 程序的启动与窗口操作的方法。
◇ 掌握 Windows 10 的汉字输入、文件管理、系统管理等操作。

（三）相关知识

1. 整理桌面图标

整理桌面图标操作主要分为排列桌面图标和删除桌面图标。

（1）排列桌面图标。排列图标的方法有手动排列和自动排列两种。手动排列的方法是将鼠标指针移动到某个图标上，按住鼠标左键不放，拖动图标到目标位置后释放鼠标左键；自动排列的方法是在桌面空白处单击鼠标右键，在弹出的快捷菜单中选择"查看"/"自动排列图标"命令。

（2）删除桌面图标。计算机桌面上常有不再需要使用的图标，或是误操作产生的图标，这时就需要删除这些图标。删除桌面图标的方法有使用快捷菜单删除和拖动删除两种。

2. 创建快捷方式图标

在桌面的空白处单击鼠标右键，在弹出的快捷菜单中选择"新建"/"快捷方式"命令，打开"创建快捷方式"对话框。单击"浏览"按钮，打开"浏览文件或文件夹"对话框，在"从下面选择快捷方式的目标"栏中选择需要添加快捷方式图标的选项，这里选择"OneDrive"选项。依次单击"确定"和"下一步"按钮，继续进行快捷方式图标的创建，保持其他默认设置不变，单击"完成"按钮即可完成创建。

3. 设置"开始"屏幕

Windows 10"开始"屏幕中磁贴的数量、大小和位置并不是固定不变的，用户可以根据使用习惯和日常需要对磁贴进行相应的操作。编辑"开始"屏幕中的磁贴主要有打开磁贴、调整磁贴大小、移动磁贴等操作。

将应用程序固定到"开始"屏幕。单击"开始"按钮，在打开的"开始"菜单中选择需要固定到"开始"屏幕中的应用程序，这里选择"Cortana（小娜）"选项，在其上单击鼠标右键，在弹出的快捷菜单中选择"固定到'开始'屏幕"命令。

4. 窗口和对话框的基本操作

窗口和对话框的很多操作都是相同的，如移动、关闭、切换等。

（1）移动窗口和对话框。在窗口或对话框处于非最大化状态时，将鼠标指针移动到该窗口或对话框最上方的标题栏上，按住鼠标左键不放将其拖动至适当位置后释放鼠标左键，便可将窗口或对话框移动到当前位置。

（2）关闭窗口和对话框。窗口和对话框的右上角都有一个"关闭"按钮，其颜色和形状可能有所差异，但功能都相同，单击它即可关闭窗口或对话框。也可在窗口或对话框标题栏的空白区域单击鼠标右键，在弹出的快捷菜单中选择"关闭"命令关闭窗口或对话框。

（3）切换当前窗口和对话框。当需要在打开的多个窗口或对话框之间进行切换时，将鼠标指针放在任务栏对应窗口或对话框的按钮上，稍等片刻，任务栏上方将显示该窗口或对话框的预览框，单击预览框即可切换到该窗口或对话框。

（四）实验实施

1. 设置输入法

安装输入法后，可对输入法进行调整和设置，以方便用户使用，这是进行文字输入前的准备。下面设置当前计算机中的输入法，具体操作如下。

（1）添加输入法。单击"输入法"图标，在打开的面板中选择"语言首选项"选项，打开"设置"窗口，其中默认打开"区域和语言"选项卡。在"添加语言"栏中选择"中文（中华人民共和国）"选项，单击"选项"按钮，在打开窗口的"键盘"列表中选择"添加键盘"选项，在打开的下拉列表中选择"微软五笔"选项。

微课：设置输入
法的具体操作

（2）删除输入法。返回"设置"窗口可发现"微软五笔"已经显示到列表中，选择"微软拼音"选项，在打开的下拉列表中单击"删除"按钮，完成后单击"关闭"按钮。完成添加和删除输入法的操作。

（3）设置默认输入法。打开控制面板，在"时钟、语言和区域"栏中单击"更换输入法"超链接，打开"语言"窗口。在"控制面板主页"栏中单击"高级设置"超链接，打开"高级设置"窗口。单击"替代默认输入法"下方的下拉按钮，在打开的下拉列表中选择"中文（简体，中国）- 搜狗拼音输入法"选项，单击"保存"按钮。

（4）设置输入法外观。在输入法状态条上单击鼠标右键，在弹出的快捷菜单中选择"更换皮肤"命令，在弹出的"更换皮肤"子菜单中选择喜欢的皮肤，将鼠标指针移到某个皮肤选项上，会显示该皮肤的预览效果，如图3-1所示。

图 3-1　设置输入法外观

2. 文件与文件夹的基本操作

文件与文件夹的基本操作包括新建、移动、复制、隐藏、显示、删除、还原、重命名、查找文件或文件夹等。下面练习文件与文件夹的基本操作。

（1）新建文件和文件夹。在"F"盘中新建一个名为"图片"的文件夹，再在该文件夹中创建一个文本文档。

微课：文件与文件夹的具体操作

（2）选择文件或文件夹。选择单个或连续的文件或文件夹时，可直接拖动鼠标进行框选；选择大量或不连续的多个文件或文件夹时，则可使用键盘和鼠标配合完成。

（3）移动与复制文件或文件夹。练习使用快捷菜单、快捷键、菜单栏、工具栏等移动文件或文件夹，练习使用快捷菜单、快捷键、"主页"/"组织"组等复制文件或文件夹。

（4）隐藏与显示文件或文件夹。选择要隐藏的文件或文件夹，选择"查看"/"显示/隐藏"组，单击"隐藏所选项目"按钮，即可隐藏文件或文件夹；在"查看"/"显示/隐藏"组中单击选中"隐藏的项目"复选框，即可在该窗口中看到被隐藏的文件或文件夹以稍浅的颜色显示。

（5）删除与还原文件或文件夹。练习使用快捷菜单删除与还原文件或文件夹。

（6）重命名文件或文件夹。在需要重命名的文件或文件夹上单击鼠标右键，在弹出的快捷菜单中选择"重命名"命令，此时文件或文件夹名称呈蓝底白字的可编辑状态，输入新的名称，然后按"Enter"键或单击空白区域即可对文件或文件夹进行重命名。

（7）查找文件。在"此电脑"窗口的"搜索"栏中输入需要搜索的文件或文件夹的关键字，打开的窗口中将显示搜索结果。

（8）查看文件或文件夹属性。选择需要查看属性的文件或文件夹，选择"主页"/"打开"

组，单击"属性"按钮，在弹出的下拉列表中选择"属性"选项，在打开的对话框中可查看文件或文件夹的类型、位置、大小和占用空间等属性。

（9）更改文件夹的图标样式。练习更改"图片"文件夹的图标样式，使其更加直观。

（10）设置文件或文件夹快捷方式到桌面。选择要设置快捷方式的文件或文件夹，单击鼠标右键，在弹出的快捷菜单中选择"发送到"/"桌面快捷方式"命令，返回桌面可发现选择的文件或文件夹已经以快捷方式的形式显示在桌面上。

（11）设置文件或文件夹快捷方式到"开始"屏幕。选择需要设置到"开始"屏幕中的文件或文件夹，单击鼠标右键，在弹出的快捷菜单中选择"固定到'开始'屏幕"命令，打开"开始"屏幕即可看到固定的效果。

（12）设置打开文件的默认程序。选择需要设置的文件，单击鼠标右键，在弹出的快捷菜单中选择"打开方式"/"选择其他应用"命令，打开"你要如何打开这个文件？"面板，在其中选择需要替换的打开方式，并在下方单击选中"始终使用此应用打开"复选框，单击"确定"按钮。

（五）实验练习

1. 管理"E"盘中的文件和文件夹

先在"E"盘中创建一个名为"图片文档"的文件夹，然后通过复制、移动、重命名、删除等操作，对磁盘中相应的文件和文件夹进行分类整理。

微课：管理"E"盘中的文件和文件夹的具体操作

2. 浏览和搜索计算机中的文件

在"此电脑"窗口中查看各磁盘下的文件内容，可以不同的视图进行查看，删除不需要的文件，最后搜索计算机中格式为".xlsx"的文件。

微课：浏览和搜索计算机中的文件的具体操作

3. 使用拼音输入法输入"会议通知"

在记事本程序中使用搜狗拼音输入法输入会议通知（效果\第3章\会议通知.txt），要求如下。

（1）启动记事本程序。

（2）切换到搜狗拼音输入法。

（3）输入会议通知内容。

实验二　Windows 10的高级操作

微课：使用拼音输入法输入"会议通知"的具体操作

（一）实验学时

2 学时。

（二）实验目的

◇　掌握 Windows 10 的个性化设置方法。

◇　掌握 Windows 10 中软件的安装与卸载方法。

（三）相关知识

1. 获取软件安装包

获取软件安装包的方法主要有以下 3 种。

（1）通过网站下载。许多软件开发商都会在网上公布一些共享软件和免费软件的安装程序，用户可上网查找并下载这些安装程序。一些专门的软件网站也提供了各种常用软件的下载。除此之外，很多软件都有对应的官方网站，其中会提供一些下载方式。

（2）通过应用商店下载。单击"开始"按钮，在打开的"开始"菜单右侧的"开始"屏幕中选择"Microsoft Store"选项，打开"Microsoft Store"窗口。在"热门免费应用"列表中选择"QQ 音乐"选项，打开"QQ 音乐"应用页面。单击页面右上方的"获取"按钮，系统将自动进行下载操作，并在下方显示下载进度，下载完成后将自动完成软件的安装操作，并显示"此产品已安装"。单击"启动"按钮，即可启动安装好的 QQ 音乐，并以窗口的模式运行。

（3）通过软件管家下载。打开"腾讯电脑管家"窗口，在下方单击"软件分析"标签，在打开的列表中单击"软件管理"超链接，打开"软件管理"窗口。在左侧单击"宝库"标签，在上方单击"图片"标签，在下方选择"2345 看图王"选项，并单击下方的"安装"按钮，对软件进行下载操作。完成下载后可以直接安装软件。

2. 安装软件的注意事项

（1）不安装不熟悉的软件。

（2）应选择口碑较好的软件下载网站，在浏览器首页可看到"软件"词条，从词条进入软件网站并选择需要的软件。

（3）找到需要的软件后，查看下载量和评论，选择下载量高和评论较好的软件。

（4）安装软件前，查看该软件是否有捆绑安装的软件，若有自己并不需要的捆绑软件，可在安装过程中选择自定义安装。

（5）若被计算机病毒入侵，杀毒无效，只能将设备格式化后重装系统。

（四）实验实施

1. 个性化设置 Windows 10

Windows 10 默认的系统桌面是深蓝色背景，用户可设置个性化外观效果，具体操作如下。

（1）更改系统桌面背景。选择"个性化"选项，设置背景为纯色，然后设置背景为图片，再设置自定义图片为背景，最后设置背景为幻灯片放映。

微课：个性化设置 Windows 10 的具体操作

（2）更改系统主题。打开"设置"窗口的"主题"选项卡，选择"鲜花"主题；然后单击"桌面图标设置"超链接，选择"此电脑"桌面图标，单击"更换图标"按钮，在打开的对话框中选择新的图标，如图 3-2 所示。

（3）更改颜色。打开"设置"窗口，在左侧的"主页"栏中选择"颜色"选项卡，在右侧的"Windows 颜色"栏中选择需要的颜色。在其下方还可设置透明效果、应用区域和应用模式等。在对应的区域即可查看更改的主题颜色。

（4）更改屏幕分辨率。选择"显示设置"选项，打开"设置"窗口，更改屏幕分辨率为"1280×1024"，如图3-3所示。

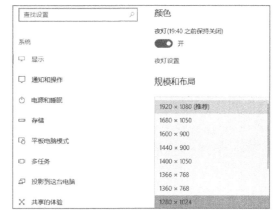

图3-2　更改图标　　　　　　　　　　图3-3　更改屏幕分辨率

（5）设置屏幕保护程序。在"设置"窗口中选择"锁屏界面"选项卡，然后单击"屏幕保护程序设置"超链接，打开"屏幕保护程序设置"对话框。在"屏幕保护程序"下拉列表框中选择需要的选项，这里选择"彩带"选项，在"等待"数值框中输入等待时间，这里输入"10"。单击"确定"按钮，完成设置并退出对话框。

2. 自定义任务栏

自定义任务栏包括将程序固定在任务栏中、添加工具栏和调整语音助手的显示设置等操作。

（1）将程序固定在任务栏中。单击"开始"按钮，选择需要固定到任务栏的程序图标，按住鼠标左键进行拖动，将该图标拖动至任务栏的空白区域，释放鼠标左键即可将该程序固定在任务栏中。

微课：自定义任务栏的具体操作

（2）添加工具栏。在任务栏的空白区域单击鼠标右键，在弹出的快捷菜单中选择"工具栏"/"地址"命令，然后在快捷菜单中选择"桌面"命令，将"桌面"工具栏显示在任务栏中。

（3）调整语音助手的显示设置。在任务栏的空白区域单击鼠标右键，在弹出的快捷菜单中选择"Cortana"/"显示Cortana图标"命令，此时可发现任务栏中Cortana语音助手的搜索框已经消失，取而代之的是该程序的图标。也可在快捷菜单中选择"Cortana"/"隐藏"命令将Cortana语音助手完全隐藏，如图3-4所示。

图3-4　调整语音助手的显示设置

3. 设置系统的声音、日期和时间

在 Windows 10 中，用户可以对计算机系统的声音、日期和时间等进行设置，使其更符合用户使用计算机的需求和习惯，具体操作如下。

（1）设置声音。练习使用直接设置和音量合成器设置两种方法来设置系统的声音。

（2）设置日期和时间。单击"日期和时间设置"超链接，设置方式为"自动设置时区"，更改日期和时间。

微课：设置系统的声音、日期和时间的具体操作

4. 软件的安装与管理

下面讲解安装腾讯 QQ 软件的方法并通过程序首字母查找软件，具体操作如下。

（1）运行安装程序。找到腾讯 QQ 安装程序，双击 .exe 文件，运行安装程序。

微课：软件的安装与管理的具体操作

（2）同意安装协议。检测安装环境，在出现的对话框中单击选中"阅读并同意"复选框，单击"自定义选项"选项卡，在展开的面板中单击"浏览"按钮，如图 3-5 所示。

（3）选择软件保存区域。打开"浏览文件夹"对话框，在下方的下拉列表中选择软件的保存位置，单击"确定"按钮。

（4）立即安装。单击"立即安装"按钮，开始安装腾讯 QQ 软件，并显示安装进度。在打开的对话框中取消选中其他复选框，单击"完成安装"按钮，完成安装。

（5）通过程序首字母查找软件。单击"开始"按钮，在打开的"开始"菜单中可看到包含所有程序的列表，选择列表下方的"A"选项，系统打开拼音列表，该列表罗列了所有字母。其中白色的字母表示已经有对应的程序，灰色字母表示尚未安装对应程序。这里选择"拼音 F"选项，此时在"开始"菜单的上方将显示"拼音 F"对应的所有程序，其中包括"飞鸽传书"软件，如图 3-6 所示。

图 3-5　安装腾讯 QQ

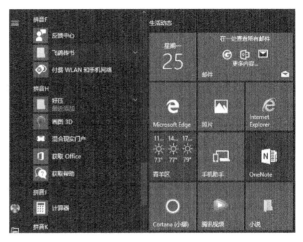

图 3-6　通过程序首字母查找软件

（6）使用 Cortana 查找软件。单击"开始"按钮，在打开的"开始"菜单右侧的"开始"

屏幕中单击"Cortana（小娜）"选项，打开"搜索"面板。单击"应用"按钮，在下方的文本框中输入需要查找的程序，如"腾讯"，此时上方将显示搜索到的程序。

5. 卸载软件

卸载软件可通过"开始"菜单、"开始"屏幕和控制面板 3 个途径完成，具体操作如下。

微课：卸载软件
的具体操作

（1）在"开始"菜单中卸载软件。单击"开始"按钮，在打开的"开始"菜单中选择"腾讯软件"/"卸载腾讯 QQ"选项，弹出"你确定要卸载此产品吗？"提示框。单击"是"按钮，此时将显示卸载的进度，稍等片刻即完成卸载。完成后计算机界面将弹出"腾讯 QQ 卸载"对话框，显示"腾讯 QQ 已成功地从您的计算机移除"，单击"确定"按钮。

（2）在"开始"菜单中卸载软件。在"开始"菜单中选择要卸载的软件，单击鼠标右键，在弹出的快捷菜单中选择"卸载"命令，弹出"将卸载此应用及其相关信息"提示框。单击"卸载"按钮，卸载该软件。

（3）在"控制面板"窗口中卸载软件。单击"开始"按钮，在打开的"开始"菜单中选择"Windows 系统"/"控制面板"选项，打开"控制面板"窗口。单击"程序和功能"超链接，打开"程序和功能"窗口，在右侧的列表框中可查找要删除的软件程序。这里选择"阿里旺旺"软件并单击鼠标右键，在弹出的快捷菜单中选择"卸载"命令，打开阿里旺旺程序的卸载对话框。单击选中"卸载时删除所有的个人配置信息和聊天记录"复选框，单击"卸载"按钮，在打开的对话框中将显示卸载进度。卸载完成后，在打开的对话框中将提示卸载完毕，单击"确定"按钮，如图 3-7 所示。

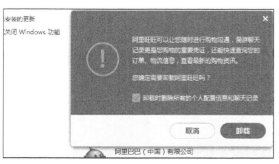

图 3-7　在"控制面板"窗口中卸载软件

（五）实验练习

1. 使用应用商店下载并安装微信

微信是一款集社交、通信、购物、旅游等功能于一体的社交应用软件，不仅在我国拥有海量用户，在国际上也具有一定的全球影响力。下面使用应用商店下载并安装微信，参考过程如图 3-8 所示，要求如下。

微课：使用应用
商店下载并安装
微信的具体操作

（1）在"开始"菜单右侧的面板中打开"应用商店"窗口，在其中找到"微信"程序。

（2）打开"微信"应用页面，单击"获取"按钮，进行下载并安装。

（3）在"开始"菜单中选择"微信"选项，启动安装好的微信。

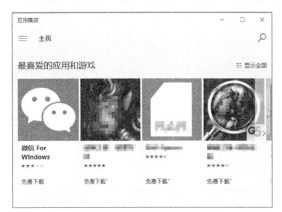

图3-8 使用应用商店下载并安装微信

2. 使用首字母查找爱奇艺软件

下面使用首字母查找爱奇艺软件，参考过程如图 3-9 所示，要求如下。

（1）单击"开始"按钮，在打开的"开始"菜单中选择列表下方的"A"选项。

（2）打开拼音列表后，选择"拼音 A"选项。

（3）"开始"菜单的上方将显示"拼音 A"对应的所有程序，其中包括"爱奇艺"软件。

微课：使用首字母查找爱奇艺软件的具体操作

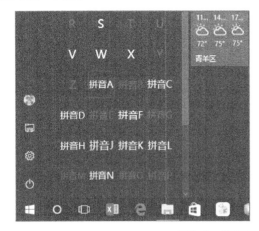

图3-9 使用首字母查找爱奇艺软件

第 **4** 章
计算机网络与Internet

主教材的第4章主要讲解了计算机网络与 Internet 的基础知识，包括计算机网络的概述、组成和分类，网络传输介质和通信设备，局域网，Internet 及其应用。本章将介绍 Internet 的接入与 Edge 浏览器的使用、收发与设置电子邮件两个实验，以帮助学生掌握 Internet 的相关使用方法，学会利用 Internet 实现网上办公和学习。

实验一　Internet的接入与Edge浏览器的使用

（一）实验学时

2 学时。

（二）实验目的

◇　掌握 ADSL 拨号和无线接入 Internet 的操作方法。
◇　掌握 Edge 浏览器的使用方法。

（三）相关知识

1. ADSL 拨号接入方式

非对称式数字用户线路（Asymmetric Digital Subscriber Line，ADSL）接入方式，指用户直接利用现有的电话线作为传输介质进行上网。它适用于家庭、个人等用户的大多数网络应用。

（1）ADSL 上网硬件准备。使用 ADSL 技术可以充分地利用现有的电话线网络，通过在线路两端加装 ADSL 设备提供宽带服务，用户在上网的同时也可拨打电话，互不影响，而且上网时不需要缴付额外的电话费，从而节省费用。要使用 ADSL 接入 Internet，必须具备一些条件，如有一个 ADSL 上网账号、一个 ADSL 分离器、一个 ADSL 调制解调器（Modem）、一台个人计算机、两根电话线和一根网线等。

（2）硬件连接。准备好 ADSL 上网硬件设备后，需使用电话线和网线将所需的硬件设备连接起来。具体方法：首先将用户的电话线连接到 ADSL 分离器上，将 ADSL 分离器中 Phone

端口的电话线连接到电话机的插孔中，并将 ADSL 分离器中 Modem 端口的电话线连接到 ADSL Modem 的 Line 插孔；然后将网线的一端插入 ADSL Modem 的 Ethernet 插孔，将 ADSL Modem 的电源线一端插入 Power 插孔，另一端插入电源；最后将网线的另一端插入计算机网卡对应的插孔。

2. 无线上网的几种方式

无线上网是通过无线传输介质（如红外线和无线电波）来接入 Internet。通俗地说，只要上网终端（如笔记本电脑、智能手机等）没有连接有线线路，都称为无线上网。无线上网主要有以下 3 种方式。

（1）通过无线网卡、无线路由器上网。笔记本电脑一般都配置了无线网卡，无线路由器把有线信号转换成 WiFi 信号，再连入 Internet，从而让笔记本电脑上网，这也是普通家庭常见的无线上网方式。

（2）通过无线网卡在网络覆盖区上网。在无线网络覆盖区，如机场、超市等公共场所，无线网卡能够自动搜索出相应的 WiFi 网络，借助该网络即可连接到 Internet。

（3）通过无线上网卡上网。无线上网卡相当于 Modem，通过它可在无线电话信号覆盖的地方利用手机的智能卡（Subscriber Identification Module，SIM）连接到 Internet，而上网费用计入 SIM 卡中。由于无线上网卡上网方便、简单，所以很多台式计算机也在使用。现在常用的无线上网卡主要使用通用串行总线（Universal Serial Bus，USB）接口类型。

3. 其他接入 Internet 的方式

除了 ADSL 拨号上网和无线上网外，还有以下 3 种接入 Internet 的方式。

（1）DDN 专线接入。数字数据网（Digital Data Network，DDN）是随着数据通信业务发展而迅速发展起来的一种网络。DDN 的主干网传输媒介有光纤、数字微波、卫星信道等，用户端多使用普通电缆和双绞线。DDN 将数字通信、计算机、光纤通信、数字交叉连接有机地结合在一起，提供了高速度、高质量的通信环境，可以向用户提供点对点、点对多点透明传输的数据专线出租电路，为用户传输数据、图像、声音等信息，速度越快租金越高。

（2）光纤接入。光纤出口带宽通常在 10Gbit/s 以上，适用于各类局域网的接入。光纤通信具有容量大、质量高、性能稳定、能防电磁干扰、保密性强等优点。光纤宽带网以 2M ～ 10Mbit/s 作为最低标准接入用户家中。光纤接入目前已经取代 ADSL 成为接入 Internet 的常用方式，光纤用户端要有一个光纤收发器和一个路由器。

（3）有线电视网接入。线缆调制解调器（Cable Modem）是近几年开始试用的一种超高速 Modem，它利用现有的有线电视网传输数据，是比较成熟的一种技术。Cable Modem 集 Modem、调谐器、加 / 解密设备、桥接器、网络接口卡、虚拟专网代理和以太网集线器的功能于一身。它无须拨号上网，不占用电话线，可提供随时在线的永久连接。服务商的设备同用户的 Modem 之间建立了一个虚拟专网，Cable Modem 提供一个标准的 10Base-T 或 10/100Base-T 以太网接口与用户的个人计算机设备或以太网集线器相连。

4. 网络常见问题和解决方式

目前大多数拨号上网用户的笔记本电脑安装的都是 Windows 系统，下面列出的是一些导致网速缓慢的常见原因及解决方法。

（1）网络自身的问题。可能是要连接的目标网站所在的服务器带宽不足或负载过大。解决办法很简单，换个时间段登录或换个目标网站。

（2）网线问题导致网速变慢。双绞线是由四对线按严格的规定紧密地绞和在一起的，用于减少串扰和背景噪声的影响。若网线不按正确标准（T586A、T586B）制作，将存在很大的隐患。常出现的情况有两种：一是刚开始使用时网速就很慢；二是开始网速正常，但过一段时间后，网速变慢，这在台式计算机上表现非常明显，但使用笔记本电脑检查网速却表现为正常。解决方法为一律按 T586A、T586B 标准压制网线，在检测时不用笔记本电脑。

（3）网络中存在回路导致网速变慢。在一些较复杂的网络中，经常有多余的备用线路，无意间连上时会构成回路。为避免这种情况发生，在铺设网线时一定要养成良好的习惯，给网线打上明显的标签，有备用线路的地方要做好标记。出现这种情况时，一般采用分区分段逐步排除的方法。

（4）系统资源不足。可能是计算机在后台加载了太多的应用程序，解决办法是合理地加载应用程序或删除无用的应用程序及文件，将系统资源空出。

（四）实验实施

1. ADSL 拨号接入 Internet

下面根据 Internet 服务提供商（Internet Service Provider，ISP）提供的账号与密码创建一个宽带连接，具体操作如下。

（1）建立拨号连接。打开"网络和共享中心"窗口，通过"设置连接或网络"窗口设置用户名和密码，将计算机连接到 Internet 并测试 Internet 连接，如图 4-1 所示。

（2）断开网络。通过任务栏的"网络"图标断开网络连接。

（3）重新拨号上网。通过"网络"图标打开网络连接列表，选择相应的选项，输入密码，然后重新连接到 Internet，如图 4-2 所示。

微课：ADSL 拨号接入 Internet 的具体操作

2. 无线接入 Internet

随着我国综合国力的增强和科学技术的发展，我国已经建成了全球规模最大的信息通信网络。人们在日常生活中可以方便地使用无线网络接入 Internet，具体操作如下。

（1）硬件连接。将电话线接头插入 Modem 的"LINE"接口，使用网线连接 Modem 的"LAN"接口和无线路由器的"WLAN"接口，并使用无线路由器的电源线连接电源接口和电源插座，使用网线连接无线路由器的 1 ~ 4 接口中的任意一个接口和计算机主机上的网卡接口，完成硬件设备的连接操作，示意图如图 4-3 所示。

微课：无线接入 Internet 的具体操作

（2）打开路由器。打开 Modem 和无线路由器的电源，并启动计算机。打开 Edge 浏览器，打开路由器的管理页面。

图4-1 建立拨号连接

图4-2 重新拨号上网

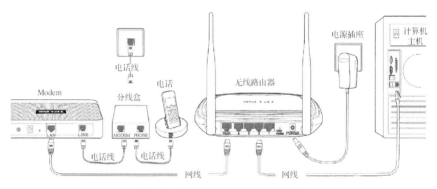

图4-3 无线路由器硬件连接示意图

（3）设置路由器。通过"设置向导"设置上网方式为"PPPoE ADSL 虚拟拨号"，然后设置账号和密码，再设置无线网络名称和密码，最后重启路由器。

（4）设置接入无线网络设备的数量。进入路由器的管理页面，单击"无线 MAC 地址过滤"超链接，然后设置 MAC 地址过滤，再输入 MAC 地址，最后设置启用过滤，让添加的设备能够接入无线网络，而其他设备则无法进入该网络。

（5）设置接入无线网络设备的带宽。打开路由器的管理页面，在页面左侧单击"IP 带宽控制"超链接，打开"IP 带宽控制"页面。先在其中开启 IP 带宽控制，然后设置控制带宽的 IP 地址范围，如 192.168.1.100 ～ 192.168.1.103，再设置带宽大小，如"3000"，最后设置宽度范围和地址大小。

（6）设置 ARP 绑定。打开路由器管理页面，在页面左侧单击"IP 与 MAC 绑定"超链接，打开"静态 ARR 绑定设置"页面，先在其中输入 MAC 地址和 IP 地址，然后启用并保存绑定设置。

（7）将计算机连接到无线网络。启动计算机，单击任务栏右下角的"网络"图标，选择无线网络，在打开的对话框中输入无线网络登录密码并进行连接，如图 4-4 所示。

（8）将移动设备连接到网络。打开手机，单击"设置"图标，选择"WLAN"选项，开启WLAN，选择无线网络，输入登录密码，验证身份，完成无线网络的连接，如图 4-5 所示。

图4-4　将计算机连接到无线网络　　　　图4-5　将移动设备连接到网络

3. 使用 Edge 浏览器

Edge 浏览器是 Windows 10 新加入的浏览器，可以为用户浏览网页带来新的体验。下面将使用 Edge 浏览器进行一系列操作，包括浏览网页、收藏网页、设置浏览器的个性化风格等，具体操作如下。

微课：使用
Edge 浏览器
的具体操作

（1）通过"地址栏"搜索网页。启动 Edge 浏览器，在地址栏中输入搜索文本，如"大学计算机"，按"Enter"键，然后选择相应的内容选项，单击超链接即可查看相应的结果。

（2）通过"地址栏"搜索并下载图片。在"地址栏"中输入关键字"春天"，在打开的页面的搜索框下方单击"图片"超链接，单击需要下载的图片，然后打开图片的源文件，最后将其下载到本地。

（3）更改地址栏的搜索引擎。在浏览器中单击"更多"按钮，然后选择"设置"选项，打开"高级设置"面板，在其中设置默认引擎为"百度"，如图 4-6 所示。

（4）通过标签页浏览新网页。在浏览器的选项卡右侧单击"新建标签页"按钮，新建一个标签页，在地址栏中输入需要浏览的网址，然后在打开的网页中单击任意一个超链接，设置其在新窗口打开，最后为浏览器设置新标签页打开方式为热门站点，效果如图 4-7 所示。

（5）使用 InPrivate 窗口浏览网页，以保护个人隐私。在浏览器窗口中单击"更多"按钮，在打开的面板中选择"新建 InPrivate 窗口"选项，打开 InPrivate 窗口。在地址栏中输入需要浏览的网址，单击"前往"按钮，即可在页面中打开输入网址对应的网页，如图 4-8 所示。

（6）将网页固定到"开始"菜单中。先打开需要固定到"开始"菜单中的网页，在"更多"面板中选择"将此页固定到'开始'屏幕"选项，然后根据提示进行操作即可，如图 4-9 所示。

（7）使用"阅读视图"浏览网页，以防止广告干扰。打开"设置"面板，设置"阅读视图风格"为"中""阅读视图字号"为"小"。

图4-6　更改地址栏的搜索引擎

图4-7　通过标签页浏览新网页

图4-8　使用InPrivate 窗口浏览网页

图4-9　将网页固定到"开始"菜单中

（8）添加网页笔记。打开需要做笔记的网页，单击"添加笔记"按钮，设置笔尖颜色，然后在网页中绘制标记，设置荧光笔笔尖样式，最后在网页中添加注释，并截图保存到收藏夹。

（9）将常用的网页添加到收藏夹。打开百度首页，单击"收藏"按钮，在打开的面板的"名称"文本框中输入当前网页的名称，在"保存位置"下拉列表中选择"收藏夹栏"选项，单击"添加"按钮。

（10）设置显示收藏夹。打开"设置"面板，单击收藏夹中的"显示收藏夹栏"开关按钮，使其处于"开"状态。

（11）删除网页历史浏览记录。在浏览器中单击"中心"按钮，在打开的面板中单击"历史记录"按钮，切换到"历史记录"选项卡，在"过去1小时"栏右侧单击"删除"按钮；然后删除某一网站的历史记录，并清空所有的历史记录。

（12）更改外观颜色。打开"设置"面板，在"选择主题"下拉列表中选择"暗"选项。

（13）设置浏览器默认打开的页面。打开浏览器的"设置"面板，在"Microsoft Edge 打开方式"下拉列表中选择"特定页"选项，在其下设置浏览器默认打开的页面，如"新浪网"。

（14）管理保存的网站密码。打开浏览器的"高级设置"面板，在其中单击"管理密码"按钮，此时打开的面板中将显示当前浏览器保存过的网站密码，对这些密码进行管理。

（15）清除历史记录数据，以保护隐私。打开"设置"面板，在"清除浏览数据"栏中单击"选择要清除的内容"按钮，在打开的面板中单击选中需要清除数据前的复选框，单击"清除"按钮。

（五）实验练习

1. 配置无线网络

要实现无线上网，需要对无线路由器进行设置，即设置无线网络的名称和连接无线网络的密码，具体操作提示如下。

（1）启动 Edge 浏览器，在地址栏中输入路由器的地址"192.168.1.1"（以具体型号的路由器说明为准）并按"Enter"键，打开路由器的登录页面。

（2）输入用户名和密码，单击"登录"按钮，在打开的窗口中单击"快速配置"选项卡，打开"设置向导"对话框，单击"下一步"按钮。

微课：配置无线
网络的具体操作

（3）打开"接口模式设置"对话框，选择接口和数量，单击"下一步"按钮。

（4）在打开的对话框中设置连接方式为"PPPoE 拨号"，然后在相应文本框中输入宽带账号和宽带密码，单击"下一步"按钮。

（5）打开"无线设置"界面，在"无线名称"和"无线密码"文本框中分别输入无线网络的名称和密码，单击"完成"按钮。

（6）设置完成后，单击桌面任务栏通知区域中的网络图标，在计算机搜索到的无线网络中找到设置的无线网络名称，单击展开后单击选中"自动连接"复选框，单击"连接"按钮，输入设置的网络安全密钥（即无线网络密码），单击"下一步"按钮，连接网络。

2. 使用网络资源

用户通过网络不仅可以查找需要的信息，还可以搜索常用的办公软件等。下面使用 Edge 浏览器搜索所需的文章和图片，具体操作提示如下。

（1）启动 Edge 浏览器，在百度首页搜索框中输入关键字，这里输入"通知范文"，单击"百度一下"按钮。

微课：使用网络
资源的具体操作

（2）打开的网页中将显示相关搜索结果，用户可根据文字提示，单击相应的超链接打开新的网页，根据需要再次单击相应的超链接。

（3）选择需要的文字内容，单击鼠标右键，在弹出的快捷菜单中选择"复制"命令，在 Word 中按"Ctrl+V"组合键将复制的文字内容粘贴到文档中进行保存或使用。

（4）在网页中的图片上单击鼠标右键，在弹出的快捷菜单中选择"保存图片"命令，打开"另存为"对话框，设置保存位置和文件名，单击"保存"按钮。

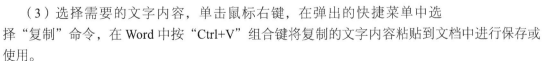

实验二　收发与设置电子邮件

（一）实验学时

2 学时。

（二）实验目的

◇　掌握 Windows 10 中电子邮件的发送方法。
◇　掌握网络邮箱的使用方法。

（三）相关知识

1. 电子邮件与电子邮箱

电子邮件即"E-mail"，是一种通过网络实现异地之间快速、方便、可靠地传送和接收信息的现代通信手段。电子邮件是在 Internet 中传递信息的重要载体之一，它改变了传统的书信交流方式。

发送电子邮件时必须知道收件人的电子邮箱地址。Internet 中的每个电子邮箱都有一个全球唯一的邮箱地址。通常，电子邮箱地址的格式为"user@mail.server.name"。其中"user"是收件人的用户账号，"mail.server.name"是收件人的电子邮件服务器的域名，"@"（音同"at"）是连接符。如 wangfang@163.com，wangfang 是收件人的用户账号，163.com 是电子邮件服务器的域名，它表示在 163.com 上有账号为 wangfang 的电子邮箱。用户需要发送或收取电子邮件时，可以登录到电子邮件服务器上进行操作。

电子邮箱的用户账号是注册时用户自己设置的，可使用小写英文、数字、下划线（下划线不能在首尾），不能用特殊字符，如 #、*、$、?、^、% 等，字符长度应为 4 ～ 16。

2. 电子邮件的一些基本操作

使用电子邮件时涉及以下几种基本操作。

（1）回复邮件。阅读完邮件后，单击"回复"按钮，系统将自动在打开的邮件编辑窗口中填写收件人的地址和邮件主题。在邮件正文区中输入邮件内容后，单击"发送"按钮即可回复邮件。如果需要对群发邮件进行全部回复，可单击"回复全部"按钮回复这封邮件的所有收件人。

（2）转发邮件。阅读完邮件后，单击"转发"按钮，系统将自动在打开的邮件编辑窗口的"正文"中引用原邮件的内容，用户在"收件人"文本框中输入收件人地址后，单击"发送"按钮即可转发邮件。

（3）删除邮件。邮箱的空间有限，应定期删除一些不需要的邮件。在邮件列表中单击选中要删除邮件前面的复选框，单击"删除"按钮即可将邮件移到已删除的邮件列表中。在已删除的邮件列表中单击选中要删除邮件前面的复选框，单击"彻底删除"按钮可将其彻底删除。

（4）群发邮件。若需给多个收件人发送相同的邮件，可使用群发邮件功能。撰写邮件时，在"收件人"文本框中输入多个收件人的邮箱地址即可。不同的邮箱地址应用分号隔开。

（5）拒收垃圾邮件。选择"设置"/"邮箱设置"命令，在打开的设置编辑窗口中单击"反垃圾/黑白名单"选项卡，在其右侧根据需要设置反垃圾规则、黑名单和白名单，完成后单击"保存"按钮。

（四）实验实施

1. 利用 Windows 10 的邮件功能发送邮件

Windows 10 自带的"邮件"程序可以满足用户日常的电子邮件发送需求。下面利用 Windows 10 的邮件功能发送邮件，具体操作如下。

微课：利用Windows 10的邮件功能发送邮件的具体操作

（1）设置邮件账户和签名。启动"邮件"程序，单击"开始使用"按钮，选择账户，然后查看邮箱，再为当前账户设置账户名称，最后设置签名，如图 4-10 所示。

（2）撰写并发送一封邮件。进入邮件编辑窗口，在"收件人"文本框中输入收件人的地址，然后输入主题内容和邮件内容，设置文本格式，将"客户资料.docx"文件以附件的方式添加到邮件中，最后单击"发送"按钮发送邮件，如图 4-11 所示。

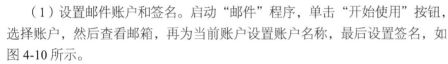

图4-10　设置邮件账户和签名	图4-11　撰写并发送一封邮件

（3）添加账户以方便用户快速选择。通过"设置"窗口打开"管理账户"面板，添加一个新账户，类型为"Internet 电子邮件"，然后设置相关信息。

（4）通过"共享"按钮快速发送邮件。打开任意一张图片，通过"共享"按钮将其作为邮件发送。

2. 利用网页发送电子邮件

除了 Windows 10 自带的"邮件"程序，用户还可以在网易、腾讯等网站注册邮箱，利用网页发送电子邮件，具体操作如下。

微课：利用网页发送电子邮件的具体操作

（1）申请免费邮箱。启动 Edge 浏览器，在地址栏中输入网易邮箱网址，按"Enter"键，打开网易邮箱网页。单击"去注册"超链接，在打开的网页中输入个人信息，并填写验证码，单击"立即注册"按钮即可完成注册操作。

（2）登录电子邮箱。打开网易邮箱网页，在"用户名"和"密码"文本框中输入邮箱地址和注册邮箱时设置的密码，输入完成后单击"登录"按钮。

（3）发送电子邮件。打开写信页面，设置收件人、主题、邮件内容等，单击"发送"按钮，在提示框中设置名称为"月月"，然后保存并发送邮件。

（4）接收并阅读电子邮件。在打开的邮箱页面中选择"收件箱"选项，在打开的收件箱页面中可看到未阅读电子邮件的名称列表，单击相应的电子邮件名称，打开阅读。

（五）实验练习

1. 发送一封感谢信邮件

感谢信是一种用于个人与个人之间、个人与组织之间、组织与组织之间，向给予过帮助、关心和支持的人或组织表示感谢的专用文档形式。感谢信既要表达出真切的谢意，又要起到表扬先进、弘扬正气的作用。在 Windows 10 中，可以使用系统自带的"邮件"程序来撰写和发送感谢信邮件。下面就发送一封感谢信邮件，参考效果如图4-12所示，要求如下。

微课：发送一封感谢信邮件的具体操作

（1）单击"新邮件"按钮，在打开的页面中设置邮件内容，完成后单击"发送"按钮。

（2）选择"已发送邮件"选项，查看已经发送过的邮件。

图4-12　发送一封感谢信邮件

2. 利用 Outlook 2016 管理邮件

Outlook 是 Office 办公软件套装的组件之一，它对 Windows 自带的 Outlook Express 的功能进行了扩充。Outlook 的功能有很多，可以用它收发电子邮件、管理联系人信息、记日记、安排日程、分配任务等。下面利用 Outlook 2016 管理邮件，参考效果如图4-13所示，要求如下。

微课：利用 Outlook 2016 管理邮件的具体操作

（1）在"开始"菜单中选择"Microsoft Office Outlook 2016"，启动

Microsoft Office Outlook 2016，通过向导设置邮箱的相关信息和账号。

（2）完成邮箱配置操作后将显示 Outlook 2016 启动界面，并显示程序加载进度。

（3）进入收件箱后，在"开始"选项卡的"新建"组中，单击"新建电子邮件"按钮可新建邮件，也可对邮箱中的邮件进行管理。

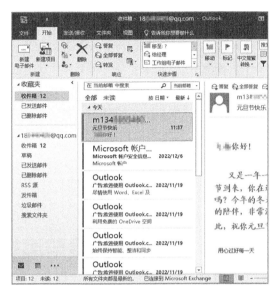

图4-13　利用 Outlook 2016 管理邮件

CHAPTER

5

第 **5** 章
文档编辑软件Word 2016

主教材的第5章主要讲解了使用Word 2016制作文档的方法。本章将介绍文档的创建与编辑、文档排版、表格制作、图文混排和邮件合并5个实验。通过这5个实验，学生可以掌握利用Word 2016完成文档制作的方法。

实验一　文档的创建与编辑

（一）实验学时

2学时。

（二）实验目的

◇ 掌握文档的基本操作。
◇ 掌握设置字体格式和段落格式的方法。
◇ 掌握Word 2016文本的编辑操作。

（三）相关知识

1. Word 2016 的文档操作

Word中的文档操作主要包括新建文档、保存文档、打开文档、关闭文档等。

（1）新建文档。新建文档主要包括新建空白文档和根据模板新建文档两种方式，其中新建空白文档可通过"新建"命令、快速访问工具栏、快捷键3种方式来实现；选择"文件"/"新建"命令，在界面右侧选择模板即可根据模板创建文档。

（2）保存文档。在Word 2016中保存文档可分为保存新建的文档、另存文档和自动保存文档3种，其中保存新建的文档主要可通过"保存"命令、快速访问工具栏、快捷键3种方式来实现；选择"文件"/"另存为"命令，在打开的"另存为"对话框中进行相应操作即可另存文档；选择"文件"/"选项"命令，打开"Word选项"对话框，选择左侧列表框中的"保存"选项，在其中进行相应设置即可实现自动保存文档。

（3）打开文档。打开文档可通过"打开"命令、快速访问工具栏、快捷键3种方式来实现。

（4）关闭文档。关闭文档可通过"文件"/"关闭"命令来实现。

2. Word 2016 的文本编辑

创建文档或打开一篇文档后，可对文本进行编辑，主要操作有输入文本、选择文本、插入文本、删除文本、移动与复制文本，以及查找与替换文本等。

（1）输入文本。将鼠标指针移至文档中需要输入文本的位置，单击定位插入点，然后即可输入文本。

（2）选择文本。在 Word 中选择文本主要包括选择单个文本、选择单词文本、选择一行文本、选择一段文本、选择一页文本和全选文本几种。

（3）插入文本。在默认状态下，直接在插入点处输入来插入文本。

（4）删除文本。删除文本主要通过按"BackSpace"键或"Delete"键来实现。

（5）移动与复制文本。移动与复制文本主要通过右键快捷菜单、操作按钮、快捷键和拖动文本 4 种方式来实现。

（6）查找与替换文本。在"开始"/"编辑"组中单击"替换"按钮，或按"Ctrl+H"组合键，打开"查找和替换"对话框，在其中进行相应的设置。

（四）实验实施

1. 制作"费用申请"文档

费用申请类文档在学习、工作和生活中比较常见，下面制作一个"费用申请"文档，具体操作如下。

（1）新建文档。Word 提供了多种新建文档的方法，可任选一种新建一个空白文档，这里选择"文件"/"新建"命令新建文档。

（2）保存文档。选择"文件"/"保存"命令，将文档以"费用申请"为名进行保存。

微课：制作"费用申请"文档的具体操作

（3）输入文本。在文档编辑区单击定位插入点，输入文本，然后按"Enter"键换行，继续输入文本，直至完成"费用申请"文档的文本输入，如图 5-1 所示。

（4）输入符号。将插入点定位到"5000 元"文本前，然后通过"符号"对话框插入"¥"符号。

（5）设置字体和字号。选择第 1 行文本，设置字体为"黑体"，字号为"二号"，其他行文本为"宋体""小四"。

（6）设置加粗效果。选择"校学生会："文本，为其设置加粗效果。

（7）设置字符间距。选择标题文本，在"字体"对话框中设置字符间距为"加宽、2 磅"。

（8）设置对齐方式。设置标题文本为居中对齐，落款和日期为右对齐。

（9）设置段落缩进。选择正文内容，将段落格式设置为"首行缩进 2 字符"。

（10）设置间距。设置标题文本的段后间距为"2 行"，正文文本的行间距为"固定值 25 磅"。

（11）添加项目符号和编号。在正文后面输入有关国庆节活动策划方案的文本内容，设置标题与正文的格式，并添加项目符号和序号，完成后的效果如图 5-2 所示（效果\第 5 章\实

验一 \ 费用申请 .docx ）。

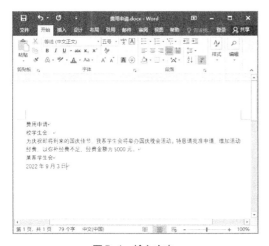

图5-1　输入文本

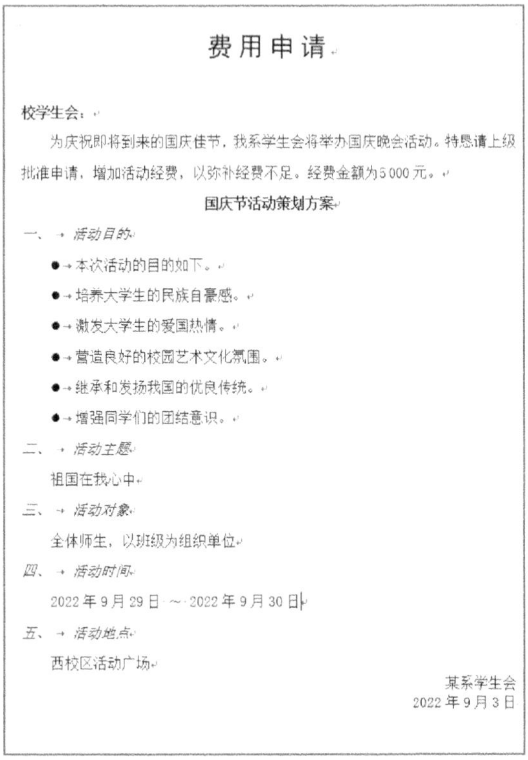
费用申请

校学生会：

为庆祝即将到来的国庆佳节，我系学生会将举办国庆晚会活动。特恳请上级批准申请，增加活动经费，以弥补经费不足。经费金额为 5 000 元。

国庆节活动策划方案

一、活动目的

- 本次活动的目的如下。
- 培养大学生的民族自豪感。
- 激发大学生的爱国热情。
- 营造良好的校园艺术文化氛围。
- 继承和发扬我国的优良传统。
- 增强同学们的团结意识。

二、活动主题

祖国在我心中

三、活动对象

全体师生，以班级为组织单位

四、活动时间

2022 年 9 月 29 日～2022 年 9 月 30 日

五、活动地点

西校区活动广场

某系学生会
2022 年 9 月 3 日

图5-2　最终效果

2．制作“岗位说明书”文档

爱岗敬业是一种普遍的奉献精神，也是社会主义职业道德建设的基本要求。制作岗位说明书的目的是说明岗位职责，培养员工的爱岗敬业精神。下面利用已有的素材文件制作一个“岗位说明书”文档，具体操作如下。

微课：制作“岗位说明书”文档的具体操作

（1）打开文档。在 Word 中打开文档的方法有很多，可根据使用习惯选择某种方法打开文档，这里通过选择“文件”/“打开”命令来打开“岗位说明书”文档（素材 \ 第 5 章 \ 实验一 \ 岗位说明书 .docx ）。

（2）选择文本。打开“岗位说明书”文档后，练习选择单个文本、选择单词文本、选择一行文本、选择一段文本、选择一页文本和全选文本的操作。

（3）复制文本。将“职责一”段落文本复制到“职责二”段落的下方，效果如图 5-3 所示。

（4）移动文本。移动文本可通过剪切文本和拖动文本来实现，这里使用剪切文本的方式将文档中的“本职”段落剪切到“岗位名称”段落的下方，效果如图 5-4 所示。

（5）查找和替换文本。统一查找文档中的“协调”文本，然后将其替换为“协助”文本。

（6）改写文本。对步骤（3）复制得到的文本进行改写，效果如图 5-5 所示。

（7）删除文本。将“岗位名称”段落下方的 4 个小点前的数字文本删除，然后再依次输入数字文本，效果如图 5-6 所示（效果 \ 第 5 章 \ 实验一 \ 岗位说明书 .docx ）。

二、职责与工作任务

1．职责一：协助总经理制订财务规划，进行企业风险管控。
　　工作任务：协助并支持部门经理制订本部门年度工作规划。
2．职责二：负责组织处理客户质量投诉、零配件供应等售后服务工作。
　　工作任务：负责组织协调处理方案的实施，建立售后服务档案，并进行总结分析。
1．职责一：协助总经理制订财务规划，进行企业风险管控。
　　工作任务：协助并支持部门经理制订本部门年度工作规划。

三、权力

收集市场相关信息、资料、文件的权力，客户投诉处理方案的提议权。

四、工作协作关系

内部协调关系：销售部、技术开发部、供应管理部、财务部、行政部等。
外部协调关系：客户、经销商。

五、任职资格

教育水平：大学专科及以上。

复制文本

图5-3　复制文本

财务经理岗位说明书

一、岗位信息

1．岗位名称：出纳员。
5．本职：负责组织公司会计核算、财务管理工作，控制公司成本费用，分析公司财务状况。
2．所在部门：财务。
3．直接上级：副总经理。
4．直接下级：出纳员、统计员、核算员、会计、收银主管、收银员。

二、职责与工作任务

1．职责一：协助总经理制定财务规划，进行企业风险管控。
　　工作任务：协助并支持部门经理制订本部门年度工作规划。
2．职责二：负责组织处理客户质量投诉、零配件供应等售后服务工作。
　　工作任务：负责组织协调处理方案的实施，建立售后服务档案，并进行总结分析。
1．职责一：协助总经理制定财务规划，进行企业风险管控。
　　工作任务：协助并支持部门经理制订本部门年度工作规划。

移动文本

图5-4　移动文本

二、职责与工作任务

1．职责一：协助总经理制订财务规划，进行企业风险管控。
　　工作任务：协助并支持部门经理制订本部门年度工作规划。
2．职责二：负责组织处理客户质量投诉、零配件供应等售后服务工作。
　　工作任务：负责组织协调处理方案的实施，建立售后服务档案，并进行总结分析。
3．职责三：联络客户，获取反馈。
　　工作任务：根据需要，对客户进行各种形式的回访和调查，以获取客户的直接反馈。协助进行市场调查。

三、权力

收集市场相关信息、资料、文件的权力，客户投诉处理方案的提议权。

四、工作协作关系

图5-5　改写文本

财务经理岗位说明书

一、岗位信息

1．岗位名称：出纳员。
负责组织公司会计核算、财务管理工作，控制公司成本费用，分析公司财务状况。
3．所在部门：财务。
4．直接上级：副总经理。
5．直接下级：出纳员、统计员、核算员、会计、收银主管、收银员。

二、职责与工作任务

1．职责一：协助总经理制订财务规划，进行企业风险管控。
　　工作任务：协助并支持部门经理制订本部门年度工作规划。
2．职责二：负责组织处理客户质量投诉、零配件供应等售后服务工作。
　　工作任务：负责组织协调处理方案的实施，建立售后服务档案，并进行总结分析。
3．职责三：联络客户，获取反馈。
　　工作任务：根据需要，对客户进行各种形式的回访和调查，以获取客户的直接反馈。协助进行市场调查。

图5-6　删除文本

（五）实验练习

1．编辑"商业广告"文档

打开"商业广告"素材文档（素材\第5章\实验一\商业广告.docx），对文档进行编辑，前后对比效果如图5-7所示，要求如下。

名宅筑世，名动西北

荣居，品质筑就西北

　　物质的丰富，科技的创新，让我们置身于一个不断向上的社会。在这个社会，承担责任比享受资源更加重要。
　　公园环绕的绿色区：荣居位于沙河与明可文汇的核心区域，小区周围流淌着河流，更加贴近自然。
　　城市生活核心区域：拥有7000平方米的社区商业中心，引进了大型餐饮、超市等业态。

微课：编辑"商业广告"文档的具体操作

图5-7　"商业广告"文档编辑前后对比效果

（1）设置第一行文本的样式为"黑体、初号、蓝色、居中、下标"。

（2）设置第二行文本的样式为"隶书、一号、居中"，设置正文第一段文本的样式为"带字符底纹、小三、首行缩进2字符"。

（3）为其后的文本添加项目符号，并设置段落间距为“1.5 倍间距”，设置字号为“小四”（效果 \ 第 5 章 \ 实验一 \ 商业广告 .docx）。

2. 编辑“邀请函”文档

打开“邀请函”素材文档（素材 \ 第 5 章 \ 实验一 \ 邀请函 .docx），对文档进行编辑，前后对比效果如图 5-8 所示，要求如下。

微课：编辑“邀请函”文档的具体操作

（1）设置标题样式为“方正中雅宋简体、黑色、小初”，正文格式为“宋体、小三”。

（2）对文本进行复制和移动操作。

（3）为页面文本设置边框和底纹效果（效果 \ 第 5 章 \ 实验一 \ 邀请函 .docx）。

邀请函
—— 2022 年员工表彰大会
尊敬的______先生：
我公司定于_____年_____月_____日在公司第一会议室举办员工表彰会议，请准时参加。
联系人：张丽　电话：00000000
传真：00000000　电子邮件：jxj@163.com

邀 请 函
—— 2022 年员工表彰大会
尊敬的______先生：
我公司定于______年______月______日在公司第一会议室举办员工表彰会议，请准时参加。
联系人：张丽　电话：00000000
传真：00000000　电子邮件：jxj@163.com

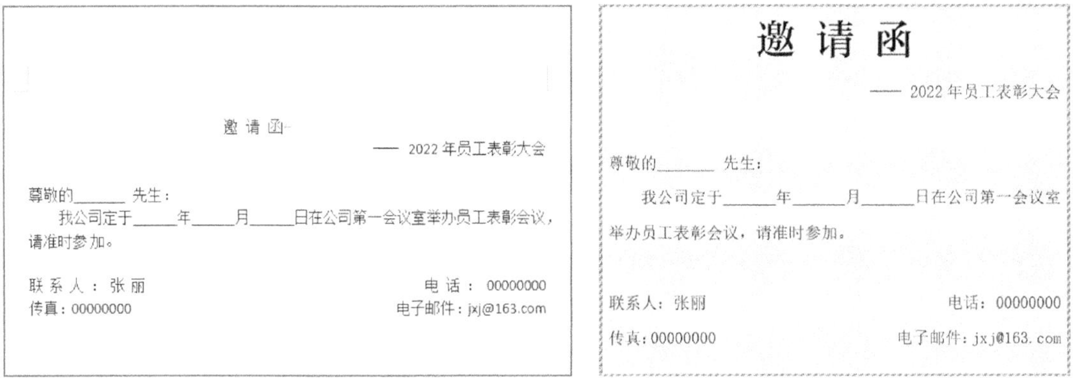

图 5-8 “邀请函”文档编辑前后对比效果

实验二 文档排版

（一）实验学时

2 学时。

（二）实验目的

◇ 熟悉特殊格式的设置方法。

◇ 掌握边框与底纹的设置方法。

◇ 掌握封面、目录、页眉、页脚的设置方法。

◇ 掌握样式和模板的使用方法。

（三）相关知识

1. 使用格式刷

选择设置好样式的文本，在“开始”/“剪贴板”组中单击“格式刷”按钮，将鼠标指针移动到文本编辑区，当指针呈形状时，按住鼠标左键拖动即可对选择的文本应用样式；或单击“格式刷”按钮，将鼠标指针移动至某一行文本前，当指针呈形状时，单击即可为该行文本应用文本样式。

2. 样式

（1）新建样式。在"开始"/"样式"组中单击"样式"下拉列表框右侧的下拉按钮，在打开的下拉列表中选择"创建样式"选项，打开"根据格式设置创建新样式"对话框，在"名称"文本框中输入样式的名称，单击"确定"按钮。

（2）应用样式。将插入点定位到要设置样式的段落中或选择要设置样式的字符或词组，在"开始"/"样式"组中单击"样式"下拉列表框右侧的下拉按钮，在打开的下拉列表中选择需要应用的样式对应的选项。

（3）修改样式。在"开始"/"样式"组中单击"样式"下拉列表框右侧的下拉按钮，在打开的下拉列表中的样式选项上单击鼠标右键，在弹出的快捷菜单中选择"修改"命令，此时将打开"修改样式"对话框，在其中可对样式进行修改。

3. 模板

（1）新建模板。打开想要作为模板使用的 Word 文档，然后打开"另存为"对话框，设置好文件名后，在"保存类型"下拉列表中选择"Word 模板（ *.dotx ）"选项，单击"保存"按钮。

（2）套用模板。选择"文件"/"新建"命令，单击右侧的"个人"标签，该选项卡中显示了可用的模板信息，单击要套用的模板名称即可在 Word 中快速新建一个与模板样式一模一样的文档。

4. 特殊格式设置

（1）首字下沉。选择要设置首字下沉的段落，在"插入"/"文本"组中单击"首字下沉"按钮，在打开的下拉列表中选择需要的样式。

（2）带圈字符。选择要设置带圈字符的单个文字，在"开始"/"字体"组中单击"带圈字符"按钮，在打开的"带圈字符"对话框中设置字符的样式、圈号等参数。

（3）双行合一。选择文本后，在"开始"/"段落"组中单击"中文版式"按钮右侧的下拉按钮，在打开的下拉列表中选择"双行合一"选项，打开"双行合一"对话框。在该对话框中进行相应的设置，单击"确定"按钮。

（4）给中文加拼音。在"开始"/"字体"组中单击"拼音指南"按钮，打开"拼音指南"对话框。"基准文字"下方的文本框中会显示要添加拼音的文字，"拼音文字"下方的文本框中会显示基准文字栏中文字对应的拼音，在"对齐方式""偏移量""字体""字号"列表框中可调整拼音的相关参数，在"预览"框中可预览设置后的效果。

（四）实验实施

1. 制作"活动安排"文档

中秋节是我国传统节日之一，月圆寓意人的团圆，人们以此寄托思念故乡、亲人之情，因此，中秋节也成了丰富多彩、弥足珍贵的文化遗产。在这个传统节日，很多企业或商家会举办各种活动来促进人们的消费。因此，需要制作各种与活动相关的文档，在制作文档时，可以将版式制作得灵活一些，

微课：制作"活动安排"文档的具体操作

如设置特殊格式、添加边框和底纹等。下面制作"活动安排"文档，具体操作如下。

（1）设置首字下沉。打开"活动安排"文档（素材\第5章\实验二\活动安排.docx），利用"首字下沉"对话框设置正文第一个文字"下沉2行"，字体为"方正综艺简体"，距正文0.2厘米，颜色为红色。

（2）设置带圈字符。先将标题文本样式设置为"方正综艺简体、二号、居中"，然后在"带圈字符"对话框中将标题中各个文字的文本样式设置为"增大圈号"，圈号为"菱形"的带圈字符样式。

（3）设置双行合一。选择第二行的日期文本，利用"双行合一"对话框设置样式为"[]"的双行合一效果，并调整文字排列效果，将字号修改为"四号"，效果如图5-9所示。

（4）设置分栏。选择除第1段外的其他正文文本，利用"行和段落间距"按钮设置段间距为"1.15"，然后将编号为（1）和（2）的两段文本分为两栏，利用"Enter"键调整分栏，效果如图5-10所示。

图5-9　设置双行合一

图5-10　设置分栏

（5）设置合并字符。将最后一行文本右对齐，然后选择"满福记食品"文本，利用"合并字符"对话框设置字符格式为"方正综艺简体、12磅"。

（6）设置字符边框。为第（5）步合并字符后的文本添加字符边框。

（7）设置段落边框。分别为"一""二""三""四"这4段文本添加段落边框，边框样式为"第4种虚线、绿色、上边框线和左边框线"。

（8）设置字符底纹。为"促销时间"后的文本添加字符底纹。

（9）设置段落底纹。分别为添加了段落边框的段落添加底纹效果，底纹样式为"黄色、5%图案"，效果如图5-11所示（效果\第5章\实验二\活动安排.docx）。

2. 排版"公司招聘计划"文档

下面对"公司招聘计划"文档进行美化排版，使其符合企业长文档排版的要求，具体操作如下。

（1）设计封面底图。打开"招聘计划"素材文档（素材\第5章\实验二\招聘计划.docx），在文档开始处插入"背景"图片（素材\第5章\实验二\背景.jpg），为其设置"自动换行、衬于文字下方显示"，然后调整图片大

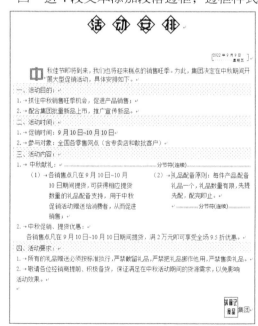

图5-11　最终效果

小，使其与页面等宽。用同样的方法再插入一张图片（素材\第5章\实验二\背景1.jpg），并调整其排列方式、大小及位置。

（2）设计封面文字。在第1页中插入样式为"渐变填充-蓝色，主题色5，映像"的艺术字，修改文本为"招聘计划"，并设置文本样式为"方正中雅宋简、60磅、加粗"；然后在该艺术字上方插入一行艺术字，文本为"2022年度"，文本样式为"黑体、22磅"，在文档左下角添加一行文本"北京顺展科技有限公司"，文本样式为"黑体、28磅、加粗"；最后在下方添加一行文本（英文公司名称），文本样式为"Calibri、20磅"，完成效果如图5-12所示。

（3）插入目录。在第3页中插入样式为"自动目录1"的目录，修改"目录"文本的样式，在文档中为一级标题和二级标题输入编号，然后更新目录。

（4）编辑目录。设置一级目录样式为"黑体、四号"，二级目录样式为"黑体、五号"，效果如图5-13所示。

图5-12　设计封面文字

图5-13　目录

（5）插入页眉和页脚。插入一个空白的页眉，在页眉处输入公司名称，文本样式为"汉仪长美黑简、小五、左对齐"，并添加"公司标志"图片（素材\第5章\实验二\公司标志.jpg）到名称左侧；然后设置偶数页页眉为"招聘计划"，文本样式为"汉仪长美黑简、小五、右对齐"；最后设置页脚为"团结 拼搏 奋斗 向上"，文本样式为"汉仪长美黑简、小五、居中对齐"，效果如图5-14所示。

（6）插入题注。为第3页的第一个表格添加题注，内容为"表格1-公司现有人员"，位置为"所选项目上方"。使用相同的方法为其他表格添加相应的题注。

（7）插入脚注和尾注。在第2页插入一个内容为"根据公司发展，公司需每年制订招聘计划"的脚注；然后为"招聘效果统计分析"下方的文本添加尾注，内容为"招聘信息将在智联招聘网公布"，效果如图5-15所示（效果\第5章\实验二\招聘计划.docx）。

图5-14　插入页眉和页脚　　　　　　　　图5-15　插入脚注和尾注

3. 使用模板和样式制作公司公文

下面使用模板和样式来制作有关"董事会决议"的公司公文，具体操作如下。

（1）创建模板文件。新建一个名称为"公司公文"的文档，保存为模板文件，在该文档中输入名称和编号文本，然后绘制一条样式为"红色、3磅"的直线段。

（2）编辑模板内容。从第4行依次输入"董事决议""时间""地点""与会董事""议题""决议""董事签章"等文本，插入一个4行2列的表格，合并第1、2行单元格，调整行高；然后输入相关文本，设置表格无外边框，只有第2、3行有水平边框线，效果如图5-16所示。

微课：使用模板和样式制作公司公文的具体操作

（3）新建"公司名称"样式。为第1行文本创建样式，样式名称为"公司名称"，样式为"宋体、初号、加粗、红色、字符间距1磅、段后间距1行，快捷键为'Ctrl+1'组合键"，如图5-17所示。

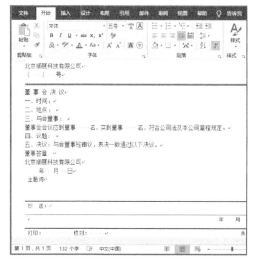

图5-16　编辑模板内容

图5-17　新建"公司名称"样式

（4）创建其他样式。新建一个名称为"编号"的样式，样式为"仿宋、三号、加粗、居中对齐"，快捷键为'Ctrl+2'；创建一个名称为"文档标题"的样式，样式为"黑体、小二、加粗、居中对齐"，快捷键为'Ctrl+3'；创建一个名称为"文档正文"的样式，样式为"宋体、四号、首行缩进 2 字符、1.5 倍行距"，快捷键为'Ctrl+4'，效果如图 5-18 所示。

（5）应用样式。打开"应用样式"窗格，为文本应用相应的样式，效果如图 5-19 所示（效果\第 5 章\实验二\公司公文 .dotx）。

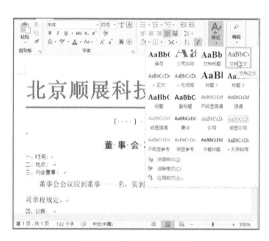

图5-18　创建其他样式

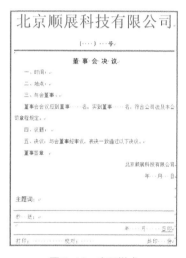

图5-19　应用样式

（五）实验练习

1. 编辑"公司新闻"文档

为了更好地执行国家的政策与方针，提高员工的思想政治觉悟，云帆公司新闻部编辑了"公司新闻"文档（素材\第 5 章\实验二\公司新闻 .docx），对公司的年度工作会议进行报道，参考效果如图 5-20 所示，要求如下。

（1）选择第 2 段和第 3 段文本，为其分栏；为文档开始处的"2022"文本设置首字下沉。

（2）为文档标题中的"17"文本设置带圈字符，为日期文本设置"双行合一"，为第 2 行标题中的"云帆公司"文本设置合并字符。

（3）为文档标题插入特殊符号，并为文档页面设置边框和背景（效果\第 5 章\实验二\公司新闻 .docx）。

微课：编辑"公司新闻"文档的具体操作

2. 排版"公司制度"文档

打开"公司制度"素材文档（素材\第 5 章\实验二\公司制度 .docx），对文档进行编辑，参考效果如图 5-21 所示，要求如下。

（1）创建一级标题的样式，样式为"华文行楷、二号、加粗、红色、居中、2 倍行距"，创建二级标题的样式，样式为"宋体、三号、加粗"。

（2）为文本应用创建的样式。

微课：排版"公司制度"文档的具体操作

（3）为正文设置格式，并为相应的段落添加编号和项目符号（效果\第5章\实验二\公司制度 .docx）。

图5-20　"公司新闻"文档前后对比效果

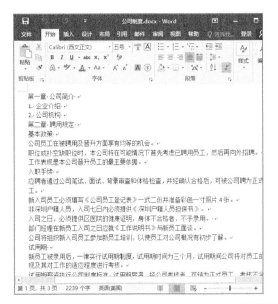
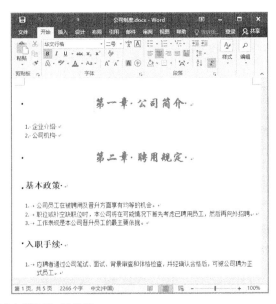

图5-21　"公司制度"文档前后对比效果

实验三 表格制作

（一）实验学时

1 学时。

（二）实验目的

◇ 掌握使用 Word 2016 创建并编辑表格的方法。

◇ 掌握使用 Word 2016 美化表格的方法。

（三）相关知识

1. 创建表格的方法

在 Word 2016 中创建表格主要有插入表格和绘制表格两种方法。

（1）插入表格。插入表格主要有快速插入表格和通过对话框插入表格两种方法，都是在"插入"/"表格"组中单击"表格"按钮，在打开的下拉列表中进行设置。

（2）绘制表格。单击"表格"按钮，在打开的下拉列表中选择"绘制表格"选项，此时鼠标指针会变为笔头形状，按住鼠标左键拖动鼠标可在文档编辑区绘制表格外边框，还可在表格内部绘制行列线。

2. 编辑表格

（1）选择表格。编辑表格前需要先选择表格，主要操作包括选择单个单元格、选择连续的多个单元格、选择不连续的多个单元格、选择行、选择列、选择整个表格。

（2）布局表格。布局表格主要包括插入、删除、合并和拆分等内容。布局方法为选择表格中的单元格、行或列，在"表格工具 布局"选项卡中利用"行和列"组和"合并"组中的相关参数进行设置。

3. 设置表格

表格中的文本可按设置文本和段落格式的方法对其格式进行设置。此外，还可对数据对齐方式、表格样式、边框和底纹等进行设置。

（1）设置数据对齐方式。选择需设置对齐方式的单元格，在"表格工具 布局"/"对齐方式"组中单击相应的按钮；或选择单元格后，单击鼠标右键，在弹出的快捷菜单中选择"单元格对齐方式"命令，在弹出的子菜单中单击相应的按钮。

（2）设置行高和列宽。练习通过拖动鼠标设置和精确设置两种操作。

（3）设置边框和底纹。在"边框"组和"表格样式"组中单击相应的按钮进行设置。

（4）套用表格样式。使用 Word 2016 提供的表格样式，可以简单、快速地完成表格的设置和美化操作。套用表格样式的方法为：选择表格，在"表格工具 设计"/"表格样式"组中单击右下方的下拉按钮，在打开的列表中选择所需的表格样式。

4. 将表格转换为文本

单击表格左上角的"全部选中"按钮 ⊞ 选择整个表格，然后在"表格工具 布局"/"数据"

组中单击"转换为文本"按钮，打开"表格转换成文本"对话框，在其中选择合适的文字分隔符，单击"确定"按钮，即可将表格转换为文本。

（四）实验实施

1. 创建并编辑"个人简历"表格

简历类文档通常采用表格的形式进行排版，以使条理更加清晰。下面创建"个人简历"文档，并在其中创建、编辑表格，具体操作如下。

微课：创建并编辑"个人简历"表格的具体操作

（1）插入表格。新建一个名为"个人简历"的空白文档，在其中插入一个 8 行 2 列的表格。

（2）插入行和列。在第 2 行单元格下方插入 5 个空白行，在第 2 列单元格右侧插入一列单元格，效果如图 5-22 所示。

（3）合并单元格。先合并第 1 行单元格，再分别合并第 6、9、12 行单元格，最后在合并后的单元格中输入相关文本，如图 5-23 所示。

图5-22 插入行和列

图5-23 合并单元格

（4）拆分单元格。将第 2 行、第 3 行的第 1 列单元格拆分为 3 列，继续使用合并与拆分单元格的方式修改表格，并输入相关文本，效果如图 5-24 所示。

（5）调整行高。设置表格的行高为"0.8 厘米"，再手动增加第 1 行单元格的行高，效果如图 5-25 所示。

图5-24 拆分单元格

图5-25 调整行高

2. 美化"个人简历"表格

表格基本制作完成后，可对表格进行美化设计。下面美化刚刚制作的"个人简历"表格，具体操作如下。

（1）应用表格样式。为表格应用"网格表 1 浅色 - 着色 2"样式。

（2）设置对齐方式。将表格文本"上下居中对齐"，设置倒数第 4 行为"平均分布各列"，如图 5-26 所示。

（3）设置边框和底纹。为表格外边框添加"双实线，1/2pt 着色 2"样式的主题边框，然后为表格第 1 行和倒数第 2 行、第 5 行、第 8 行设置"橙色，个性色 6，淡色 60%"底纹样式，最后在文档开始处输入标题，并设置文本样式为"黑体、四号、居中对齐"。调整行高，效果如图 5-27 所示（效果 \ 第 5 章 \ 实验三 \ 个人简历 .docx）。

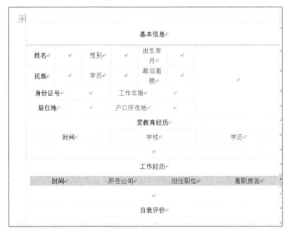

图5-26　设置对齐方式

图5-27　设置边框和底纹

（五）实验练习

1. 制作"应聘登记表"文档

在 Word 中新建"应聘登记表"文档，在文档中创建表格，参考效果如图 5-28 所示，要求如下。

（1）在新建的文档中插入表格，并进行合并和拆分单元格的操作。

（2）在表格中输入文本，并调整文字布局。

（3）调整表格的行列数、行高与列宽，并设置边框和底纹（效果 \ 第 5 章 \ 实验三 \ 应聘登记表 .docx）。

2. 制作"学习计划表"文档

在 Word 中新建文档并保存为"学习计划表"，在文档中创建表格，参考效果如图 5-29 所示，要求如下。

（1）创建一个 9 行 8 列的表格，在其中输入相应文本，并设置文本样式。

（2）对单元格进行合并和拆分操作，并调整表格的行高和列宽。

（3）为表格设置边框和底纹（效果\第5章\实验三\学习计划表.docx）。

图 5-28 "应聘登记表"文档参考效果　　　　图 5-29 "学习计划表"文档参考效果

实验四　图文混排

（一）实验学时

2 学时。

（二）实验目的

◇　掌握 Word 2016 中图片、艺术字、文本框的添加方法。

◇　掌握形状的编辑和美化方法。

◇　掌握 SmartArt 图形的设置和编辑方法。

（三）相关知识

1. 文本框操作

在"插入"/"文本"组中单击"文本框"下拉按钮，打开的下拉列表中提供了不同的文本框样式，选择其中的某一种样式即可将文本框插入文档中，然后在文本框中直接输入需要的文本内容。

2. 图片操作

Word 2016 的图片操作主要包括插入图片，调整图片的大小、位置和角度，裁剪与排列图片，美化图片等。

（1）插入图片。将插入点定位到需插入图片的位置，在"插入"/"插图"组中单击"图片"按钮，打开"插入图片"对话框。在其中选择需插入的图片后单击"插入"按钮。

（2）调整图片的大小、位置和角度。将图片插入文档后，单击选择图片，利用图片四周的控制点可实现对图片的基本调整。

（3）裁剪与排列图片。将图片插入文档中以后，可根据需要对图片进行裁剪和排列操作，主要在"图片工具 格式"/"大小"组和"排列"组中进行。

（4）美化图片。选择图片后，在"图片工具 格式"/"调整"组和"图片样式"组中可进行各种美化操作。

3. 形状操作

形状具有一些独特的性质和特点。Word 2016 提供了大量的形状，编辑文档时合理地使用这些形状，不仅能提高效率，而且能提升文档的质量。形状操作主要包括插入形状、调整形状、美化形状和为形状添加文本等。

（1）插入形状。在"插入"/"插图"组中单击"形状"下拉按钮，在打开的下拉列表中选择某种形状对应的选项，然后单击或拖动鼠标即可插入形状。

（2）调整形状。选择插入的形状，可按调整图片的方法对其大小、位置、角度进行调整。除此以外，还可根据需要更改形状或编辑形状顶点，这需要在"绘图工具 格式"/"插入形状"组中完成。

（3）美化形状。选择形状后，在"绘图工具 格式"/"形状样式"组中可进行各种美化操作。

（4）为形状添加文本。除线条和公式类型的形状外，其他形状中都可添加文本。选择形状后单击鼠标右键，在弹出的快捷菜单中选择"添加文字"命令，此时形状中将出现插入点，然后输入需要的内容。

4. 艺术字操作

在文档中插入艺术字，可使文档呈现出不同的效果，达到增强文字观赏性的目的，用户还可以对插入的艺术字进行编辑与美化。

（1）插入艺术字。插入艺术字的方法与插入文本框的方法类似，这里不赘述。

（2）编辑与美化艺术字。艺术字的编辑与美化操作与文本框的相关操作完全相同。选择艺术字，在"绘图工具 格式"/"艺术字样式"组中单击"文本效果"下拉按钮，在打开的下拉列表中选择"转换"选项，再在打开的子列表中选择某种形状对应的选项可更改艺术字形状。

（四）实验实施

1. 制作"端午节海报"文档

端午节是我国传统节日，蕴含着深邃、丰富的文化内涵。2006 年 5 月，中华人民共和国国务院将其列入首批国家级非物质文化遗产名录。2009 年 9 月，联合国教科文组织正式批准将其列入《人类非物质文化遗产代表作名录》，端午节成为我国首个入选"全世界非物质文化遗产"的节日。下面为制作"端

微课：制作"端午节海报"文档的具体操作

午节海报"文档的具体操作。

（1）新建文档。新建空白文档，将其命名为"端午节海报"。

（2）插入图片。在插入点插入"背景"图片（素材\第5章\实验四\背景.jpg）。

（3）编辑图片。先将图片的排列方式设置为"浮于文字上方"，然后将图片调整为背景图片，效果如图 5-30 所示。

（4）插入文本框。在图片上绘制两个横排文本框，然后在其中分别输入"梦想"和"会实现"。

（5）编辑文本框。设置文本框中文本的样式为"方正毡笔黑简体、48、白色"，设置文本框的样式为"无填充颜色、无轮廓、向下偏移的阴影"，效果如图 5-31 所示。

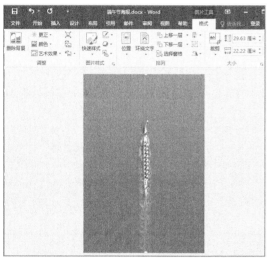

图 5-30　插入和编辑图片

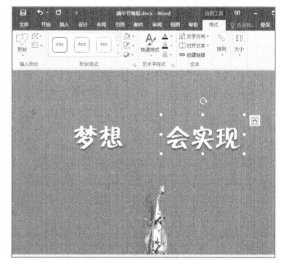

图 5-31　插入和编辑文本框

（6）插入艺术字。插入一个样式为"渐变填充 - 金色，轮廓 - 着色 2，着色 4，轮廓 - 着色 4"、内容为"'粽'"的艺术字。

（7）编辑艺术字。设置艺术字的样式为"方正毡笔黑简体、48"，并调整艺术字的位置。

（8）插入图片。在"'粽'"艺术字下面插入"粽子"图片（素材\第5章\实验四\粽子.jpg）。

（9）编辑图片。先将图片的排列方式设置为"浮于文字上方"，然后删除图片的背景，调整图片的大小，将其放置到文本框的下面，效果如图 5-32 所示。

（10）绘制形状。在背景图片左下角绘制"矩形"形状，绘制时按住"Shift"键，将其绘制成正方形，然后在其中绘制 4 条"直线"形状。

（11）设置形状样式。将"矩形"形状的样式设置为"无填充颜色、白色轮廓、2.25 磅轮廓粗细"，将"直线"形状的样式设置为"白色轮廓"。

（12）插入和编辑文本框。在"矩形"形状上绘制一个文本框，设置文本框的样式为"无填充颜色、无轮廓"，在其中输入"端"，设置文本的样式为"方正楷体简体、48"。

（13）组合对象。按住"Ctrl"键，选择"矩形"和"直线"形状，以及文本框，将其组合成一个对象。

（14）复制和编辑组合对象。复制 3 个组合的对象，将其中的文本分别修改为"午""安"

"康"，调整对象的位置，完成后的效果如图 5-33 所示（效果 \ 第 5 章 \ 实验四 \ 端午节海报 .docx）。

图5-32　插入和编辑艺术字与图片

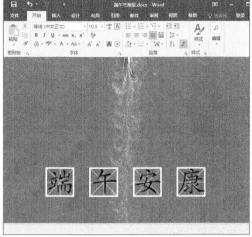

图5-33　插入和编辑形状

2. 制作"企业组织结构图"文档

在 Word 2016 中制作组织结构图可通过 SmartArt 图形来完成。下面制作"企业组织结构图"文档，具体操作如下。

（1）插入 SmartArt 图形。新建"企业组织结构图"文档，在其中插入"组织结构图"SmartArt 图形。

微课：制作"企业组织结构图"文档的具体操作

（2）修改 SmartArt 图形。删除第 3 行左右两个形状，在下方添加 3 个形状，将第 3 行中的形状和在其下方添加的 3 个形状的布局修改为"标准"样式；然后在第 3 行左侧的形状下方添加一个形状，在右侧的形状下方添加 4 个形状，将新添加的 4 个形状的布局设置为"右悬挂"样式，在第 3 行中间的形状下方添加 11 个形状，在最后一行形状的下方添加一个形状；最后在形状中输入相关的文本，效果如图 5-34 所示。

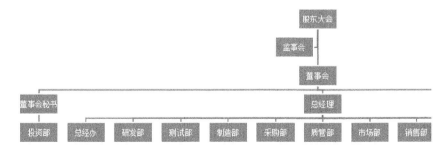

图5-34　修改 SmartArt 图形

（3）设置文本样式和大小。将组织结构图的排列方式设置为"浮于文字上方"，并调整大小；然后设置其中的文本样式为"方正中雅宋简、10 磅"，并调整形状显示完整文本。

（4）设置 SmartArt 图形样式。更改组织结构图的颜色为"彩色范围 - 着色 3 至 4"，样式为"强烈效果"，完成后的效果如图 5-35 所示（效果 \ 第 5 章 \ 实验四 \ 企业组织结构图 .docx）。

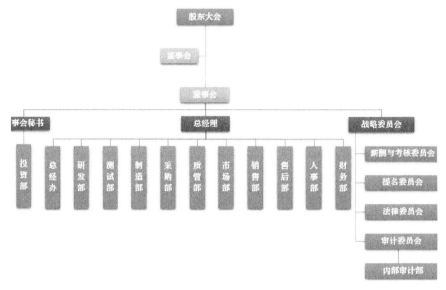

图 5-35　完成后的效果

（五）实验练习

1. 制作"个人简历"文档

在 Word 中新建"个人简历"文档，对文档进行编辑，参考效果如图 5-36 所示，要求如下。

（1）新建文档，在文档中插入"矩形""直线"等形状，并对形状的轮廓和填充色进行设置。

（2）插入需要的图片和图标（素材 \ 第 5 章 \ 实验四 \ 图标和图片 .docx），对图片的边框进行设置，然后对图标的大小、位置等进行设置。

微课：制作"个人简历"文档的具体操作

（3）插入文本框，输入"个人简历内容"文档（素材 \ 第 5 章 \ 实验四 \ 个人简历内容 .docx）中的文本，并对文本样式进行设置（效果 \ 第 5 章 \ 实验四 \ 个人简历 .docx）。

2. 制作"青春不散场"文档

在 Word 中新建"青春不散场"文档，对文档进行编辑，参考效果如图 5-37 所示，要求如下。

（1）新建文档，插入图片（素材 \ 第 5 章 \ 实验四 \ 毕业背景 .jpg），编辑图片并设置图片的样式，将图片设置为文档的背景。

微课：制作"青春不散场"文档的具体操作

（2）插入"椭圆""直线""圆角矩形"等形状，设置这些形状的填充色、轮廓和效果等，并设置形状的透明度。

（3）在文档中插入文本框，并设置文本框的填充色和轮廓，然后在文本框中输入文本，设置文本的格式（效果 \ 第 5 章 \ 实验四 \ 青春不散场 .docx）。

图5-36 "个人简历"文档参考效果　　　　图5-37 "青春不散场"毕业海报参考效果

实验五 邮件合并

（一）实验学时

1 学时。

（二）实验目的

◇ 掌握电子邮件信封的制作方法。
◇ 掌握相关文档的批量制作方法。

（三）相关知识

利用Word的邮件合并功能可以批量制作信函、电子邮件、传真和信封等文档,具有非常高的实用性。邮件合并的基本流程主要包括创建主文档、选择数据源、插入域、合并生成结果4个步骤。通常可以通过Word提供的邮件合并向导的提示逐步完成邮件合并操作,也可以通过直接创建邮件合并文档进行邮件合并操作。

（四）实验实施

1. 制作"学校专用信封"文档

Word 的邮件合并功能提供的邮件合并向导中有一个制作中文信封的功能,只需要通过简单的几个步骤就能制作出标准的信封。下面为"云帆大学"制作专用信封，主要操作如下。

（1）选择信封样式。在信封制作向导中选择默认的信封样式。

（2）选择信封生成方式。输入收信人信息，生成单个信封。

（3）输入收信人和寄信人的信息。收信人信息为空白，寄信人信息为"云帆大学、云帆路 139 号、600000"，如图 5-38 所示。

微课：制作"学校专用信封"文档的具体操作

（4）保存信封文档。将信封文档以"学校专用信封"为名进行保存，效果如图 5-39 所示（效果\第 5 章\实验五\学校专用信封 .docx）。

图5-38　输入寄信人信息

图5-39　信封效果

2. 制作"邀请函"文档

神舟载人飞船的多次成功发射，让广大学生感受到我国航天的实力，并展现出一代代航天人努力奋斗的精神品质。为此，某大学举办了一场以展示我国航天成果为主题的活动，邀请著名学者和社会知名人士参加。下面就使用邮件合并功能制作此次活动的邀请函，具体操作如下。

微课：制作"邀请函"文档的具体操作

（1）启动邮件合并向导。打开"邀请函"文档（素材\第 5 章\实验五\邀请函 .docx），将插入点定位到正文上面的文本框中，启动邮件合并分步向导。

（2）选择文档类型。在打开的任务窗格中，设置文档类型为"信函"，如图 5-40 所示。

（3）选择邮件合并的主文档。设置邮件合并的主文档为当前文档，如图 5-41 所示。

（4）设置数据源。设置数据源为现有列表，来源为"受邀名单"文件（素材\第 5 章\实验五\受邀名单 .xlsx），如图 5-42 所示。

（5）查看数据源信息。在打开的对话框中查看"受邀名单"文件中对应的数据信息，确认是否有误。

（6）插入合并域。打开"插入合并域"对话框，选择插入域的类型，这里选择"姓名"和"称谓"，如图 5-43 所示。

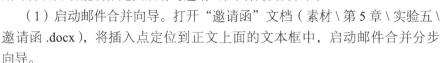

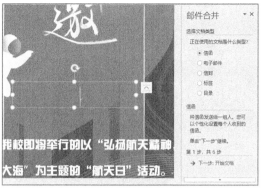

图5-40　选择文档类型

图5-42　设置数据源

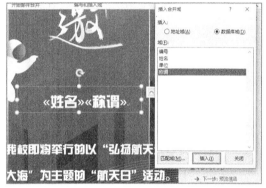

图5-43　选择插入域的类型

图5-41　选择主文档

（7）预览信函。在"预览信函"栏中单击 ◄ 或 ► 按钮，可查看具有不同邀请人姓名和称谓的信函，预览并处理文档，如图 5-44 所示。

（8）输出最终文档。将全部邀请函合并成一个新文档"信函"，将该文档以"合并邀请函"为名进行保存，完成邀请函的制作，效果如图 5-45 所示（效果\第 5 章\实验五\合并邀请函 .docx）

图5-44　预览信函

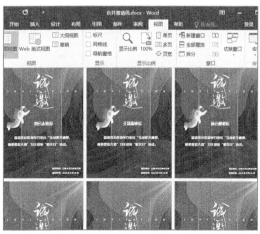

图5-45　"合并邀请函"文档参考效果

（五）实验练习

1. 批量制作"家长会通知"文档

在 Word 中根据已有文档批量制作"家长会通知"文档，参考效果如图 5-46 所示，要求如下。

微课：批量制作"家长会通知"文档的具体操作

（1）打开素材文档（素材\第 5 章\实验五\Word.docx），启动邮件合并向导。

（2）将学生成绩表中的数据（素材\第 5 章\实验五\学生成绩表.xlsx）合并到文档中，并插入"姓名""学号""语文""数学""英语""物理""化学""总分"等合并域。

（3）预览文档，将其保存为一个单独的文档（效果\第 5 章\实验五\家长会通知.docx）。

2. 制作"合并名片"文档

在 Word 中根据已有文档，使用邮件合并功能制作名片，参考效果如图 5-47 所示，要求如下。

制作"合并名片"文档的具体操作

（1）打开素材文档（素材\第 5 章\实验五\名片.docx），插入文本框，设置文本框中文本的样式和文本框的样式。

（2）将老师的数据（素材\第 5 章\实验五\老师名单.xlsx）合并到文档中，并插入"姓名""职称""院系"合并域。

（3）预览文档，将其保存为一个单独的文档（效果\第 5 章\实验五\合并名片.docx）。

图 5-46 "家长会通知"文档参考效果

图 5-47 "合并名片"文档参考效果

第6章
电子表格软件Excel 2016

主教材的第6章主要讲解了使用Excel 2016制作电子表格的方法。本章将介绍工作表的创建与格式编辑、公式与函数的使用、表格数据的管理和使用图表分析表格数据4个实验。通过这4个实验，学生可以掌握Excel 2016的使用方法，能够利用Excel 2016进行简单的表格数据编排与计算。

实验一　工作表的创建与格式编辑

（一）实验学时

2学时。

（二）实验目的

◇ 掌握Excel 2016中工作簿、工作表和单元格的基本操作。

◇ 掌握Excel 2016中数据的输入与编辑方法。

◇ 掌握Excel 2016中单元格格式的设置方法。

（三）相关知识

1. Excel 2016工作簿的基本操作

工作簿的基本操作主要包括新建工作簿、保存工作簿、打开工作簿、关闭工作簿等。

（1）新建工作簿。启动Excel 2016，会自动新建一个名为"工作簿1"的空白工作簿，也可以在桌面或文件夹中单击鼠标右键，在快捷菜单中选择"新建"命令来完成创建。

（2）保存工作簿。在Excel 2016中，保存工作簿的方法可分为直接保存和另存两种。

（3）打开工作簿。选择"文件"/"打开"命令或按"Ctrl+O"组合键可打开工作簿，也可直接双击已创建好的工作簿将其打开。

（4）关闭工作簿。选择"文件"/"关闭"命令或按"Ctrl+W"组合键可关闭工作簿。

2. Excel 2016工作表的基本操作

工作表的基本操作主要包括选择、重命名、移动和复制、插入、删除、保护工作表等。

（1）选择工作表。选择工作表是一项非常基础的操作，包括选择一张工作表、选择连续的多张工作表、选择不连续的多张工作表和选择所有工作表等。

（2）重命名工作表。可通过双击工作表标签或在工作表标签上单击鼠标右键，在弹出的快捷菜单中选择"重命名"命令来重命名工作表。

（3）移动和复制工作表。移动和复制工作表主要包括在同一工作簿中移动和复制工作表、在不同的工作簿之间移动和复制工作表。

（4）插入工作表。可以通过按钮插入和对话框插入两种方式在工作簿中插入工作表。

（5）删除工作表。在工作表标签上单击鼠标右键，在弹出的快捷菜单中选择"删除"命令可删除工作表。如果工作表中有数据，删除工作表时将弹出提示框，单击"删除"按钮确认删除。

（6）保护工作表。在工作表标签上单击鼠标右键，在弹出的快捷菜单中选择"保护工作表"命令。

3. Excel 2016 单元格的基本操作

单元格是 Excel 中最基本的数据存储单元。多个连续的单元格称为单元格区域，其地址可以表示为"单元格 : 单元格"。单元格的基本操作主要包括选择、合并与拆分、插入与删除等。

（1）选择单元格。在 Excel 中选择单元格的操作主要包括选择单个单元格、选择多个连续的单元格、选择多个不连续的单元格、选择整行、选择整列、选择工作表中的所有单元格。

（2）合并与拆分单元格。在实际编辑表格的过程中，通常需要对单元格或单元格区域进行合并与拆分操作，以满足表格样式的需要。

（3）插入与删除单元格。在编辑表格时，用户可根据需要插入或删除单个单元格，也可插入或删除一行或一列单元格。

4. 数据的输入与填充

输入数据是制作表格的基础，Excel 支持各种类型数据的输入，包括文本和数字等一般数据，以及身份证号码、小数和货币符号等特殊数据。对于编号等有规律的数据序列还可利用快速填充功能实现高效输入。

（1）输入一般数据。在 Excel 表格中输入一般数据主要有 3 种方式：选择单元格输入、在单元格中输入和在编辑栏中输入。

（2）快速填充数据。在向 Excel 表格输入数据的过程中，若单元格数据多处相同或是数据序列存在规律，可以利用快速填充数据的方法来提高工作效率。快速填充数据有通过"序列"对话框填充、使用控制柄填充相同的数据和使用控制柄填充有规律的数据 3 种方式。

5. 数据的编辑

编辑数据主要有修改和删除、移动和复制、查找和替换数据等操作。

（1）修改和删除数据。在表格中修改和删除数据主要有 3 种方法：在单元格中修改或删除、选择单元格修改或删除和在编辑栏中修改或删除。

（2）移动和复制数据。在表格中移动和复制数据主要有 3 种方法：通过"剪贴板"组移动或复制数据、通过右键快捷菜单移动或复制数据和通过快捷键移动或复制数据。

（3）查找和替换数据。当工作表中的数据量很大时，在其中直接查找数据会非常困难，此时可通过 Excel 提供的查找和替换功能来快速查找符合条件的数据，还能快速对这些数据进行统一替换，从而提高编辑的效率。在"开始"/"编辑"组中单击"查找和选择"按钮，在打开的下拉列表中选择相关选项，打开"查找和替换"对话框，在其中进行设置。

6. 数据格式设置

在输入并编辑好表格数据后，为了使工作表中的数据更加清晰明了、美观实用，通常需要对数据格式进行设置和调整。在 Excel 2016 中设置数据格式主要包括设置字体格式、设置对齐方式和设置数字格式 3 个方面。

（1）设置字体格式。对表格中的数据设置不同的字体格式，不仅可以使表格更加美观，还可以方便用户对表格内容进行区分、查阅。设置字体格式主要通过"字体"组和"设置单元格格式"对话框的"字体"选项卡来实现。

（2）设置对齐方式。在 Excel 中，默认的数字对齐方式为右对齐、默认的文本对齐方式为左对齐，用户可根据实际需要对其重新设置。设置对齐方式主要通过"对齐方式"组和"设置单元格格式"对话框的"对齐"选项卡来实现。

（3）设置数字格式。设置数字格式指修改数值类单元格格式，可以通过"数字"组或"设置单元格格式"对话框的"数字"选项卡来实现。另外，如果用户需要在单元格中输入身份证号码、分数等特殊数据，也可通过设置数字格式来实现。

7. 单元格格式设置

工作表中的单元格默认是没有格式的，用户可根据实际需要进行自定义设置，包括设置行高和列宽、设置单元格边框、设置单元格填充颜色等。

（1）设置行高和列宽。在一般情况下，将行高和列宽调整为能够完全显示表格数据即可。设置行高和列宽的方法主要有通过拖动边框线调整和通过对话框设置两种。

（2）设置单元格边框。Excel 中的单元格边框是默认显示的，但是默认状态下的边框在打印时不会显示，为了满足打印需要，可为单元格设置边框效果。设置单元格边框效果可通过"字体"组和"设置单元格格式"对话框的"边框"选项卡来实现。

（3）设置单元格填充颜色。需要突出显示某个或某部分单元格时，可选择为单元格设置填充颜色。设置填充颜色可通过"字体"组和"设置单元格格式"对话框的"填充"选项卡来实现。

（四）实验实施

1. 制作"来访登记表"工作簿

制作"来访登记表"工作簿主要涉及 Excel 的一些基本操作，掌握好这些操作能够制作出专业、精美的表格。制作"来访登记表"工作簿的具体操作如下。

（1）新建并保存工作簿。启动 Excel 2016，新建"工作簿 1"工作簿，将其保存为"来访登记表 .xlsx"。

（2）保护工作簿的结构。在"审阅"/"保护"组中单击"保护工作簿"

微课：制作"来访登记表"工作簿的具体操作

按钮，在"保护结构和窗口"对话框中进行设置来保护工作簿结构。

（3）设置密码保护工作簿。单击"另存为"对话框中的"工具"按钮，设置密码。

（4）撤销工作簿的保护。在"审阅"/"保护"组中单击"保护工作簿"按钮，此时将打开"撤销工作簿保护"对话框，输入前面设置的密码，单击"确定"即可撤销工作簿的保护。

（5）添加与删除工作表。利用"新工作表"按钮新建一个工作表，然后利用右键快捷菜单将其删除。

（6）在同一工作簿中复制工作表。单击鼠标右键，弹出快捷菜单，复制"Sheet1"工作表。

（7）在不同的工作簿之间复制工作表。打开"素材.xlsx"工作簿（素材\第6章\实验一\素材.xlsx），将其中的"Sheet1"工作表复制到"来访登记表"工作簿中。

（8）重命名工作表。利用双击工作表标签的方式将复制到"来访登记表"工作簿中的"Sheet1"工作表重命名为"来访登记表"。

（9）隐藏与显示工作表。单击鼠标右键，弹出快捷菜单，隐藏"Sheet1"和"Sheet1（2）"工作表，然后取消隐藏"Sheet1"工作表。

（10）设置工作表标签的颜色。单击鼠标右键，弹出快捷菜单，设置"来访登记表"工作表的标签为"橙色"、"Sheet1"工作表的标签为"深蓝"。

（11）保护工作表。在"审阅"/"保护"组中单击"保护工作表"按钮，打开"保护工作表"对话框，设置密码为"123"。

（12）插入与删除单元格。单击鼠标右键，弹出快捷菜单，在B8单元格上方插入一行单元格，然后在B8:H8单元格区域内输入文本内容，最后删除A列的所有单元格，效果如图6-1所示。

（13）合并和拆分单元格。合并A1:H1单元格区域，然后在其中输入"来访登记表"。

（14）设置单元格的行高和列宽。利用"行高"对话框设置A2:H16单元格区域的行高为"20"。

（15）隐藏行。单击鼠标右键，弹出快捷菜单，隐藏第4到7行单元格，效果如图6-2所示（效果\第6章\实验一\来访登记表.xlsx）。

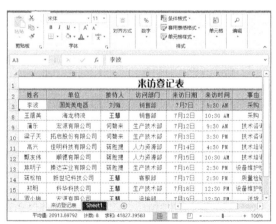

图6-1　插入与删除单元格　　　　　　　　　图6-2　隐藏行

2. 编辑"产品价格表"工作簿

有时在编辑数据量较大的工作表时，可直接将已有的样式应用于表格。下面编辑"产品价格表"工作簿，具体操作如下。

（1）输入数据。打开"产品价格表"工作簿（素材\第6章\实验一\产品价格表.xlsx），在B3:D20单元格区域中输入数据。

（2）修改数据。将B18单元格中的"眼霜"修改为"精华液"，将C18单元格中的数据修改为"100ml"。

（3）快速填充数据。为A3:A20单元格区域快速填充数据，起始数据为"YF001"。

（4）输入货币型数据。在E3:E20单元格区域中输入数据，设置单元格格式为"货币"。

（5）使用记录单修改数据。在"开始"/"记录单"组中单击"记录单"按钮（默认不显示"记录单"按钮，可通过"Excel选项"对话框自定义功能区添加），修改第13条记录，将"产品名称"修改为"美白亲肤面膜"，将"包装规格"修改为"88片/箱"。

（6）自定义单元格格式。为E3:E20单元格区域自定义单元格格式为"#.0"元""样式。

（7）利用数字代替特殊字符。利用"Excel选项"对话框中的自动更正功能设置"001"替代"美白洁面乳"，然后在F3单元格中验证效果。

（8）设置数据验证规则。为E3:E20单元格区域设置数据验证规则，规则为"允许小数存在"，值为"50～400"，出错警告为"价格超出正确范围"，如图6-3所示。

（9）设置表格主题。为A2:F20单元格区域应用"红色-表样式中等深浅3"表格样式，为表格应用"木材纹理"主题样式并修改主题颜色为"橙红色"。

（10）应用单元格样式。新建单元格样式，样式名称为"新标题"，文本格式为"黑体、26"，然后为A1单元格应用该样式。

（11）突出显示单元格。为E3:E20单元格区域设置突出显示单元格规则，将数据大于200的单元格突出显示为"中心辐射"渐变填充格式将数据小于100的单元格突出显示为"绿填充色，深绿色文本"。

（12）添加边框。为A1:F20单元格区域添加边框，其中边框颜色为"深红"，外边框为右侧最下方的线条样式，内边框为左侧第2种线条样式，效果如图6-4所示。

图6-3 设置数据验证规则　　　　　　图6-4 添加边框

（13）设置表格背景。在"页面布局"/"页面设置"组中单击"背景"按钮，将"商务背景"图片作为背景插入工作表中（效果\第6章\实验一\产品价格表.xlsx）。

（五）实验练习

1. 制作"客户资料管理表"工作簿

新建"客户资料管理表"工作簿，对表格进行编辑，参考效果如图6-5所示，要求如下。

微课：制作"客户资料管理表"工作簿的具体操作

（1）新建工作簿，对工作表进行命名。

（2）在表格中输入，并编辑数据（包括利用快速填充功能填充数据、调整列宽和行高、合并单元格等）。

（3）美化单元格，设置单元格的样式，添加边框，为表格添加背景图片（效果\第6章\实验一\客户资料管理表.xlsx）。

客户资料管理表

公司名称	公司性质	主要负责人姓名	电话	注册资金（万元）	与本公司第一次合作时间	合同金额（万元）
春来到饭店	私营	李先生	8967****	¥20	2000年6月1日	¥10
花海烧酒楼	私营	姚女士	8875****	¥50	2000年7月1日	¥15
有间酒楼	私营	刘经理	8777****	¥150	2000年8月1日	¥20
呼呼小肥牛	私营	王小姐	8988****	¥100	2000年9月1日	¥10
松柏餐厅	私营	蒋先生	8662****	¥50	2000年10月1日	¥20
吃八方餐厅	私营	胡先生	8875****	¥50	2000年11月1日	¥30
吃到饱饭庄	私营	方女士	8966****	¥100	2000年12月1日	¥20
博莱嘉餐厅	私营	袁经理	8325****	¥50	2001年1月1日	¥15
蒙托亚酒店	私营	吴小姐	8663****	¥100	2001年2月1日	¥20
木鱼石菜馆	私营	杜先生	8456****	¥200	2001年3月1日	¥30
庄聚贤大饭店	私营	郑经理	8880****	¥100	2001年4月1日	¥50
龙以珠酒店	股份公司	师小姐	8881****	¥50	2001年5月1日	¥20
蓝色生死恋主题餐厅	股份公司	陈经理	8898****	¥100	2001年6月1日	¥20
吉仁饭店	股份公司	王经理	8878****	¥200	2001年7月1日	¥10
福佑路西餐厅	股份公司	柳小姐	8884****	¥100	2001年8月1日	¥60

图6-5 "客户资料管理表"工作簿参考效果

2. 制作"材料领用明细表"工作簿

新建"材料领用明细表"工作簿，对表格进行编辑，参考效果如图6-6所示，要求如下。

微课：制作"材料领用明细表"工作簿的具体操作

（1）新建工作簿，输入数据，合并单元格，调整行高和列宽。

（2）为表格设置单元格格式，并设置单元格底纹和边框（注意：这里设置单元格底纹有两种方法，一种是设置单元格样式，另一种是设置单元格的填充颜色）。

（3）突出显示单元格（效果\第6章\实验一\材料领用明细表.xlsx）。

材料领用明细表

领料单号	材料号	材料名称及规格	领用部门 生产一车间 颜色	生产一车间 数量	生产二车间 颜色	生产二车间 数量	生产三车间 颜色	生产三车间 数量	合计	领料人	签批人
YF-L0610	C-001	棉布100%，130g/m²，2*2罗纹	白色	30	粉色	33	浅黄色	37	100	李波	柳林
YF-L0611	C-002	全棉100%，160g/m²，1*1罗纹	粉色	50	浅绿色	40	酸橙色	47	137	李波	柳林
YF-L0612	C-003	羊毛10%，涤纶90%，140g/m²，起毛布1-4	鲜绿色	46	蓝色	71	白色	64	181	刘松	柳林
YF-L0613	C-004	全棉100%，190g/m²，提花布1-1	红色	40	紫罗兰	36	青色	55	131	刘松	柳林
YF-L0614	C-005	棉100%，170g/m²，提花空气层	玫瑰红	80	白色	44	粉色	20	144	刘松	柳林
YF-L0615	C-006	棉100%，180g/m²，安琪双面布	淡紫色	77	淡蓝色	56	青绿色	39	172	李波	柳林
YF-L0616	C-007	棉100%，160g/m²，抽条棉毛	天蓝色	32	橙色	43	水绿色	64	139	李波	柳林

图6-6 "材料领用明细表"工作簿参考效果

实验二　公式与函数的使用

（一）实验学时

2学时。

（二）实验目的

◇　掌握公式的使用。

◇　掌握单元格的引用。

◇　掌握函数的使用。

（三）相关知识

1. 公式的使用

Excel中的公式可以帮助用户快速完成各种计算。为了进一步提高计算效率，在实际计算数据的过程中，用户除了需要输入和编辑公式外，通常还需要对公式进行填充、复制和移动等操作。

（1）输入公式。选择要输入公式的单元格，在单元格或编辑栏中输入"="，接着输入公式内容，如"=B3+C3+D3+E3"，完成后按"Enter"键或单击编辑栏上的"输入"按钮。

（2）编辑公式。选择含有公式的单元格，将插入点定位在编辑栏或单元格中需要修改的位置，修改内容，完成后按"Enter"键确认。完成编辑后，Excel将自动根据新公式进行计算。

（3）填充公式。选择已添加公式的单元格，将鼠标指针移至该单元格右下角，当其变为"＋"形状时，按住鼠标左键不放拖动鼠标将鼠标指针移至所需位置，释放鼠标左键，Excel会在选择的单元格区域中填充相同的公式并计算出结果。

（4）复制和移动公式。复制公式的方法与复制数据的方法一样。移动公式即将原始单元格的公式移动到目标单元格中，公式在移动过程中不会根据单元格的位移情况发生改变。移动公式的方法与移动数据的方法相同。

2. 单元格的引用

（1）单元格引用类型。在计算数据表中的数据时，通常会通过复制或移动公式来实现快速计算，这就涉及单元格引用的相关知识。根据单元格地址改变情况，可将单元格引用分为相对引用、绝对引用和混合引用。

（2）同一工作簿不同工作表的单元格引用。在同一工作簿中引用不同工作表中的内容，需要在单元格或单元格区域前标注工作表名称，如"工作表名！A3"表示引用该工作表中A3单元格的值。

（3）不同工作簿不同工作表的单元格引用。在Excel中，不仅可以引用同一工作簿中的内容，还可以引用不同工作簿中的内容。为了方便操作，可将引用工作簿和被引用工作簿同时打开。

3. 函数的使用

（1）Excel 中的常用函数。Excel 2016 中提供了多个函数，每个函数的功能、语法结构及其参数的含义各不相同。常用的函数有 SUM、AVERAGE、COUNT、MAX/MIN 等。

（2）插入函数。在 Excel 中，可以通过 3 种方式插入函数：单击编辑栏中的"插入函数"按钮、在"公式"/"函数库"组中单击"插入函数"按钮、按"Shift+F3"组合键。

（四）实验实施

1. 计算"工资表"工作簿中的数据

Excel 常用于制作工资表，涉及的主要知识点是公式的基本操作与调试，以及单元格的引用。下面计算"工资表"工作簿中的数据，具体操作如下。

微课：计算"工资表"工作簿中的数据的具体操作

（1）输入公式。打开"工资表"工作簿（素材\第 6 章\实验二\工资表 .xlsx），在 J4 单元格中输入公式"=1200+200+441+200+300+200-202.56-50"，按"Enter"键计算出结果。

（2）复制公式。在 J4 单元格中单击鼠标右键，在弹出的快捷菜单中选择"复制"命令，然后在 J5 单元格中单击鼠标右键，在弹出的快捷菜单中选择"粘贴"命令，将 J4 单元格中的公式复制到 J5 单元格中。

（3）修改公式。修改 J5 单元格中的公式，然后计算结果。

（4）显示公式。在"公式"/"公式审核"组中单击"显示公式"按钮，表格中所有包含公式的单元格中将显示公式。再次单击该按钮，表格中所有显示公式的单元格中将显示结果。

（5）在公式中引用单元格来计算数据。先删除 J4:J5 单元格区域中的公式，然后在 J4 单元格中输入公式"=B4+C4+D4+E4+F4+G4-H4-I4"并计算结果。

（6）相对引用单元格。复制 J4 单元格中的公式，在 J5 单元格中粘贴公式；然后通过控制柄将 J5 单元格中的公式复制到 J6:J21 单元格区域中，计算出其他员工的实发工资；最后设置"不带格式填充"。

（7）绝对引用单元格。先删除 E4:E21 单元格区域中的数据，然后将单元格合并，居中对齐，输入"200"；将 J4 单元格公式中的"E4"修改为"$E$4"；再通过填充方式快速复制公式到 J5:J21 单元格区域中；最后设置"不带格式填充"。

（8）引用不同工作表中的单元格。先在 J4 单元格公式中加上"Sheet2"工作表的 I3 单元格数据，然后按"F4"键将 I3 单元格转换为绝对引用，计算出结果；最后通过填充方式快速复制公式到 J5:J21 单元格区域中，并设置"不带格式填充"。

（9）引用定义了名称的单元格。打开"固定奖金表"工作簿（素材\第 6 章\实验二\固定奖金表 .xlsx），为 B3:B20 单元格区域定义名称"固定奖金"，为 C3:C20 单元格区域定义名称"工作年限奖金"，为 D3:D20 单元格区域定义名称"其他津贴"；然后在 E3 单元格中输入"= 固定奖金 + 工作年限奖金 + 其他津贴"并计算结果；最后通过填充方式快速复制公式到 E4:E20 单元格区域中，并设置"不带格式填充"，效果如图 6-7 所示。

（10）利用数组公式引用单元格区域。在"固定奖金表"工作簿中选择 E3:E20 单元格区域，输入"=B3:B20+C3:C20+D3:D20"，按"Ctrl+Shift+Enter"组合键，即可在 E3:E20 单元格区域内自动填充数组公式，并计算出结果。

（11）引用不同工作簿中的单元格。在"工资表"工作簿中 J4 单元格的公式最后输入"+"，然后打开"固定奖金表"工作簿，在"Sheet1"工作表中选择 E3 单元格；在编辑栏中删除"$"符号，将绝对引用"$E$3"转换为相对引用"E3"，计算出结果；最后通过填充方式快速复制公式到 J5:J21 单元格区域中，并设置"不带格式填充"，效果如图 6-8 所示。

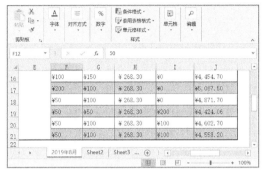
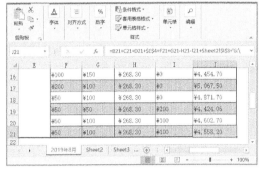

图6-7　引用定义了名称的单元格　　图6-8　引用不同工作簿中的单元格

（12）检查公式。打开"工资表"工作簿，利用"Excel 选项"对话框"公式"选项卡中的"错误检查"功能，为 J4 单元格的公式进行错误检查。

（13）审核公式。为 J4 单元格中的公式使用"追踪引用单元格"功能，查看追踪效果，然后追踪 E4 其他从属单元格（效果\第 6 章\实验二\工资表 .xlsx）。

2. 编辑"新晋员工资料"工作簿

下面编辑"新晋员工资料"工作簿，主要涉及 Excel 函数的使用，具体操作如下。

微课：编辑"新晋员工资料"工作簿的具体操作

（1）插入函数。打开"新晋员工资料"工作簿（素材\第 6 章\实验二\新晋员工资料 .xlsx），选择"工资表"工作表中的 E4 单元格；然后利用"插入函数"对话框插入 SUM 函数，将参数设置为 B4:D4 单元格区域；最后查看插入函数后的计算结果。

（2）复制函数。通过拖动控制柄的填充方式快速复制函数到 E5:E15 单元格区域，并设置"不带格式填充"。

（3）自动求和。在 H4 单元格中进行自动求和，然后将函数复制到 H5:H15 单元格区域，并设置"不带格式填充"。

（4）嵌套函数。在 I4 单元格中输入公式"=SUM(B4:D4)-SUM(F4:G4)"，计算结果，将函数复制到 I5:I15 单元格区域，设置"不带格式填充"。

（5）定义与使用名称。单击"素质测评表"工作表标签，为 C4:C15 单元格区域定义名称"企业文化"，然后为 D4:D15、E4:E15、F4:F15、G4:G15、H4:H15 单元格区域分别定义名称"规则制度""电脑应用""办公知识""管理能力""礼仪素质"，最后在 I4 单元格中插入 SUM 函数，在"Number1"文本框中输入"企业文化+规章制度+电脑应用+办公知识+管理能力+礼仪素质"，计算出结果，再通过填充方式快速复制公式到 I5:I15 单元格区域，并设置"不带格式填充"。

（6）计算平均值。在"素质测评表"工作表中选择 J4 单元格，利用"插入函数"对话框插入 AVERAGE 函数，设置"Number1"为 C4:H4 单元格区域，计算出结果，并将函数复制到 J5:J15 单元格区域，设置"不带格式填充"。

（7）计算最大值和最小值。在 C16 单元格中利用"插入函数"对话框插入 MAX 函数，设置"Number1"参数为"企业文化"，计算出结果，然后用同样的方法在 D16:H16 单元格区域分别计算出"规则制度""电脑应用""办公知识""管理能力""礼仪素质"的最大值。

（8）计算排名。在 K4 单元格中利用"插入函数"对话框插入 RANK.EQ 函数，设置"Number"为"I4"，设置"Ref"为"$I$4:$I$15"，计算出结果，然后将函数复制到 K5:K15 单元格区域，设置"不带格式填充"。

（9）使用条件函数 IF。在 L4 单元格利用"插入函数"对话框插入 IF 函数，设置"Logical_test"为"I4>=480"，设置"Value_if_true"为"转正"，设置"Value_if_false"为"辞退"，计算出结果，并将函数复制到 L5:L15 单元格区域，设置"不带格式填充"，效果如图 6-9 所示。

（10）计算个人所得税。在"工资表"工作表的 J4 单元格中利用"插入函数"对话框插入 IF 函数，设置"Logical_test"为"I4-5000<0"，设置"Value_if_true"为"0"，设置"Value_if_false"为"IF(I4-5000<3000,0.03*(I4-5000)-0,IF(I4-5000<12000,0.1*(I4-5000)-210,IF(I4-5000<25000,0.2*(I4-5000)-1410,IF(I4-5000<35000,0.25*(I4-5000)-2660))))"，计算出结果，并将函数复制到 J5:J15 单元格区域，设置"不带格式填充"。

（11）使用求和函数 SUM。在 K4 单元格中输入公式"=SUM(I4:J4)"，计算结果，将函数复制到 K5:K15 单元格区域，设置"不带格式填充"，如图 6-10 所示（效果＼第 6 章＼实验二＼新晋员工资料 .xlsx）。

新晋员工素质测评表						
测评项目				测评总分	测评平均分	名次	是否转正
电脑应用	办公知识	管理能力	礼仪素质	测评总分	测评平均分	名次	是否转正
78	83	80	76	483	80.5	7	转正
78	83	87	80	489	81.5	6	转正
89	84	86	85	525	87.5	1	转正
92	76	85	84	503	83.833333	4	转正
88	90	79	77	502	83.666667	5	转正
60	78	76	85	442	73.666667	11	辞退
82	79	77	80	482	80.333333	8	转正
79	70	69	75	438	73	12	辞退
90	89	81	89	520	86.666667	2	转正
90	85	80	90	516	86	3	转正
80	69	80	85	462	77	10	辞退
78	86	76	70	467	77.833333	9	辞退
92	90	87	90				

图6-9 使用条件函数IF

2022年5月份工资表							
资		应扣工资				工资	个人所得税	税后工资
奖金	小计	迟到	事假	小计	工资	个人所得税	税后工资
¥600	¥6,600	¥50		¥50	¥6,550	¥46.50	¥6,503.50
¥400	¥4,800		¥50	¥50	¥4,750	¥0.00	¥4,750.00
¥800	¥6,500			¥0	¥6,500	¥45.00	¥6,455.00
¥1,400	¥9,100	¥200	¥100	¥300	¥8,800	¥275.00	¥8,525.00
¥500	¥4,900			¥0	¥4,900	¥0.00	¥4,900.00
¥400	¥4,210	¥50		¥50	¥4,160	¥0.00	¥4,160.00
¥200	¥2,980		¥100	¥100	¥2,880	¥0.00	¥2,880.00
¥100	¥2,300	¥150		¥150	¥2,150	¥0.00	¥2,150.00
	¥2,090			¥0	¥2,090	¥0.00	¥2,090.00
	¥1,200		¥50	¥50	¥1,150	¥0.00	¥1,150.00
	¥800	¥300		¥300	¥500	¥0.00	¥500.00
	¥800			¥0	¥800	¥0.00	¥800.00
5月31日							

图6-10 使用求和函数SUM

（五）实验练习

1. 编辑"员工培训成绩表"工作簿

打开"员工培训成绩表"工作簿（素材＼第 6 章＼实验二＼员工培训成绩表 .xlsx），计算其中的数据，参考效果如图 6-11 所示，要求如下。

（1）利用 SUM 函数计算总成绩。

（2）利用 AVERAGE 函数计算平均成绩。

（3）利用 RANK.EQ 函数对成绩进行排名。

（4）利用 IF 函数评定等级（效果\第6章\实验二\员工培训成绩表 .xlsx）。

员工培训成绩表

编号	姓名	所属部门	办公软件	财务知识	法律知识	英语口语	职业素养	人力管理	总成绩	平均成绩	排名	等级
CM001	蔡云帆	行政部	60	85	88	70	80	82	465	77.5	11	一般
CM002	方艳芸	行政部	62	60	61	50	63	61	357	59.5	13	差
CM003	谷城	行政部	99	92	94	90	91	89	555	92.5	3	优
CM004	胡蝶飞	研发部	60	54	55	58	75	55	357	59.5	13	差
CM005	蒋宗华	研发部	92	90	89	96	99	92	558	93	1	优
CM006	李哲明	研发部	83	89	96	89	75	90	522	87	5	良
CM007	龙泽苑	研发部	83	89	96	89	75	90	522	87	5	良
CM008	詹姆斯	研发部	70	72	60	95	84	90	471	78.5	9	一般
CM009	刘畅	财务部	60	85	88	70	80	82	465	77.5	11	一般
CM010	姚灌香	财务部	99	92	94	90	91	89	555	92.5	3	优
CM011	汤家桥	财务部	87	84	95	87	78	85	516	86	7	良
CM012	唐萌梦	市场部	70	72	60	95	84	90	471	78.5	9	一般
CM013	赵飞	市场部	60	54	55	58	75	55	357	59.5	13	差
CM014	夏侯铭	市场部	92	90	89	96	99	92	558	93	1	优
CM015	周羚	市场部	87	84	95	87	78	85	516	86	7	良
CM016	周宇	市场部	62	60	61	50	63	61	357	59.5	13	差

图6-11 "员工培训成绩表"工作簿参考效果

微课：编辑"员工培训成绩表"工作簿的具体操作

2. 编辑"年度绩效考核表"工作簿

打开"年度绩效考核表"工作簿（素材\第6章\实验二\年度绩效考核表 .xlsx），计算其中的数据，参考效果如图 6-12 所示，要求如下。

（1）在工作簿中新建工作表，输入相关数据并调整格式。

（2）使用函数计算员工的各项绩效分数。在表格中输入员工的编号和姓名，然后使用 AVERAGE、INDEX 和 ROW 函数从其他工作表引用员工"假勤考评、工作能力、工作表现和奖惩记录"的值并计算出年终时各项的分数，最后再使用 SUM 函数计算员工的绩效总分。

（3）使用函数进行优良评定。根据绩效总分的值使用 IF 函数对员工进行优良评定，并根据评定结果评定员工的年终奖金（效果\第6章\实验二\年度绩效考核表 .xlsx）。

年度绩效考核表

	嘉奖	晋级	记大功	记功	无	记过	记大过	降级
基数:	9	8	7	6	5	-3	-4	-5

备注：年度考核的绩效总分根据"各季度总分+奖惩记录"来评定，总分为120分。
优良评定标准为">=105为优，>=100为良，其余为差"；
年终奖金发放标准为"优为3500元，良为2500元，差为2000元"。

员工编号	姓名	假勤考评	工作能力	工作表现	奖惩记录	绩效总分	优良评定	年终奖金（元）	核定人
1101	刘松	29.52	32.64	33.79	5.00	100.94	良	2500	杨乐乐
1102	李波	28.85	33.23	33.71	6.00	101.79	良	2500	杨乐乐
1103	王慧	29.41	33.59	36.15	3.00	102.14	良	2500	杨乐乐
1104	蒋伟	29.35	33.67	33.14	2.00	98.31	差	2000	杨乐乐
1105	杜泽平	29.35	35.96	33.70	1.00	100.01	良	2500	杨乐乐
1106	蔡云帆	29.68	35.18	34.95	6.00	105.81	优	3500	杨乐乐
1107	侯向明	29.60	31.99	33.55	7.00	102.14	良	2500	杨乐乐
1108	魏丽	29.18	33.79	32.71	-2.00	93.68	差	2000	杨乐乐
1109	袁晓东	29.53	34.25	34.17	5.00	102.94	良	2500	杨乐乐
1110	程旭	29.26	33.17	33.65	6.00	102.08	良	2500	杨乐乐
1111	牛建兵	29.37	34.15	35.05	2.00	100.57	良	2500	杨乐乐
1112	郭永新	29.18	35.90	33.95	6.00	105.03	优	3500	杨乐乐
1113	任建刚	29.20	33.81	35.08	5.00	103.09	良	2500	杨乐乐
1114	黄慧佳	28.98	35.31	34.00	5.00	103.28	良	2500	杨乐乐
1115	胡珀	29.30	33.94	34.08	6.00	103.32	良	2500	杨乐乐
1116	姚妮	29.61	34.40	33.00	5.00	102.00	良	2500	杨乐乐

图6-12 "年度绩效考核表"工作簿参考效果

微课：编辑"年度绩效考核表"工作簿的具体操作

实验三 表格数据的管理

（一）实验学时

1 学时。

（二）实验目的

◇ 掌握排序、筛选数据的方法。
◇ 掌握分类汇总数据的方法。

（三）相关知识

1. 数据排序

对数据进行排序有助于用户快速直观地观察数据并更好地组织、查找所需数据。一般情况下，数据排序分为以下 3 种方式。

（1）快速排序。选择要排序的列中的任意单元格，单击"数据"/"排序和筛选"组中的"升序"按钮或"降序"按钮，即可实现数据的升序或降序排列。

（2）组合排序。在对某列数据进行排序时，如果遇到多个单元格数据值相同的情况，可以使用组合排序的方式来决定数据的先后。组合排序指设置主、次关键字对数据进行排序。

（3）自定义排序。采用自定义排序方式可以设置多个关键字对数据进行排序，还可以利用其他关键字对相同排序的数据进行排序。Excel 提供了内置的日期和年月自定义列表，用户可根据实际需求自己设置。

2. 数据筛选

数据筛选主要分为自动、自定义和高级 3 种方式。

（1）自动筛选。选择需要进行自动筛选的单元格区域，单击"数据"/"排序和筛选"组中的"筛选"按钮，此时各列表头右侧将出现一个下拉按钮，单击下拉按钮，在打开的下拉列表中选择需要筛选的选项或取消选择不需要显示的数据，未选择或不满足筛选条件的数据将自动隐藏。

（2）自定义筛选。自定义筛选建立在自动筛选的基础上，可自动设置筛选选项，以更灵活地筛选出所需数据。

（3）高级筛选。如果想要根据自己设置的筛选条件来筛选数据，则需要使用高级筛选功能。利用高级筛选功能可以筛选出同时满足两个或两个以上筛选条件的数据。

3. 分类汇总数据

分类汇总数据指将表格中同一类别的数据放在一起进行统计，以使数据更加清晰直观。Excel 中的分类汇总主要包括单项分类汇总和嵌套分类汇总。

（1）单项分类汇总。在创建分类汇总之前，应先对需分类汇总的数据进行排序，然后选择排序后的任意单元格，单击"数据"/"分级显示"组中的"分类汇总"按钮，打开"分类汇总"对话框，在其中对"分类字段""汇总方式""选定汇总项"等进行设置，设置完成后单击

"确定"按钮。

（2）嵌套分类汇总。对已分类汇总的数据再次进行分类汇总即嵌套分类汇总。单击"数据"/"分级显示"组中的"分类汇总"按钮，打开"分类汇总"对话框。在"分类字段"下拉列表框中选择一个新的分类选项，再对汇总方式、汇总项进行设置，取消选择"替换当前分类汇总"复选框，单击"确定"按钮，完成嵌套分类汇总的设置。

（四）实验实施

1. 处理"平面设计师提成统计表"数据

在管理数据时，常需要利用 Excel 的数据排序、数据筛选功能使数据按照大小顺序依次排列，或筛选出需要查看的数据，以便快速分析数据。下面处理"平面设计师提成统计表"数据，具体操作如下。

微课：处理"平面设计师提成统计表"数据的具体操作

（1）简单排序。打开"平面设计师提成统计表"工作簿（素材 \ 第 6 章 \ 实验三 \ 平面设计师提成统计表 .xlsx），选择"签单总金额"列中的任意单元格，降序排列数据；选择"提成率"列中的任意单元格，升序排列数据。

（2）按关键字排序。打开"排序"对话框，设置"主要关键字"为"提成率"，设置"排序依据"为"数值"，设置"次序"为"升序"。添加一个条件，设置"次要关键字"为"获得的提成"，设置"次序"为"升序"。

（3）自定义排序。打开"排序"对话框，设置"主要关键字"为"职务"，设置"次序"为"自定义序列"，其中自定义的序列为"设计师""资深设计师""专家设计师"，效果如图6-13 所示。

（4）按字符数量进行排序。在 I3 单元格中输入函数 "=LEN（B3）"，填充公式到 I19 单元格，然后单击"升序"按钮进行排序，效果如图 6-14 所示。

溶点广告设计公司5月签单业绩提成表

职务	签单总金额	提成率	获得的提成
设计师	24011	2.50%	600.275
设计师	32010	2.50%	800.25
设计师	36400	2.50%	910
设计师	38080	2.50%	952
设计师	43120	2.50%	1078
设计师	45000	2.50%	1125
设计师	49999	2.50%	1249.975
设计师	49999	3.00%	1499.97
资深设计师	69770	3%	2093.1
资深设计师	79000	3%	2370
资深设计师	86720	3%	2601.6
资深设计师	87690	3%	2630.7
资深设计师	89090	3%	2672.7
资深设计师	99887	3%	2996.61
专家设计师	140000	4%	5600
专家设计师	210600	6%	12636
专家设计师	356000	6%	21360

图6-13 自定义排序

溶点广告设计公

设计师编号	姓名	职务	签单总金额
MH000007	肖萧	设计师	38080
MH000008	郭海	设计师	49999
MH000006	艾香	设计师	49999
MH000013	典韦	资深设计师	69770
MH000011	秦东	资深设计师	79000
MH000001	简灵	资深设计师	89090
MH000003	关蒙	专家设计师	140000
MH000009	南思蓉	设计师	24011
MH000016	黄效忠	设计师	32010
MH000010	何久芳	设计师	36400
MH000017	曹仁孟	资深设计师	43120
MH000005	威严旭	设计师	45000
MH000015	赵子云	资深设计师	86720
MH000014	郭一嘉	资深设计师	87690
MH000012	徐晁之	资深设计师	99887
MH000004	张小飞	专家设计师	210600
MH000002	孔爱明	专家设计师	356000

图6-14 按字符数量进行排序

（5）自动筛选。单击"筛选"按钮后，在"获得的提成"列设置"数字筛选"为"低于平均值"。筛选员工姓名为"曹仁孟"和"秦东"的数据。

（6）自定义筛选。启动筛选功能，将"签单总金额"列的"数字筛选"设置为"介于"，筛选条件为"大于或等于 30000""小于或等于 100000"，使用相同的方法筛选提成额大于 2000 数据。

（7）高级筛选。在 B21:D22 单元格区域中设置筛选条件分别为">50000""0.03""<2500"，在"高级筛选"对话框的"列表区域"中输入"A2:H19"，在"条件区域"中输入"B21:D22"，确认设置。

（8）取消筛选。分别使用筛选器和"清除"按钮取消筛选，显示所有数据（效果＼第 6 章＼实验三＼平面设计师提成统计表 .xlsx）。

2. 处理"楼盘销售记录表"数据

数据处理包括对某项数据进行汇总，使用数据工具保证数值的大小输入正确，以及对表格数据设置条件格式，用特殊颜色或图标来显示重点内容等操作。下面处理"楼盘销售记录表"数据，具体操作如下。

微课：处理"楼盘销售记录表"数据的具体操作

（1）单项分类汇总。打开"楼盘销售记录表"工作簿（素材＼第 6 章＼实验三＼楼盘销售记录表 .xlsx），对开发公司进行升序排列，然后启用汇总功能，汇总开发公司已售数据中的最大值，如图 6-15 所示。

图 6-15　单项分类汇总

（2）多项分类汇总。设置汇总项显示"总套数"和"已售"的汇总数据，如图 6-16 所示。

图 6-16　多项分类汇总

（3）隐藏或显示分类汇总。将"安宁地产"汇总项信息隐藏，将"都新房产"汇总项信息隐藏，再将"安宁地产"汇总项信息完全显示出来。

（4）清除分级显示和删除分类汇总。清除分级显示，然后将分类汇总全部删除。

（5）快速删除重复项。选择表格中的任意一个数据单元格，执行删除重复项命令，设置删除项为"全选"。

（6）使用数据验证功能。选择 E3:E20 单元格区域，启用数据验证功能，设置数据允许"整数"，介于"7000"至"15000"，然后设置非法输入的提示效果，最后为 E3:E20 单元格区域设置出错警告。当输入无效数据时显示警告信息，样式为"停止"，标题为"提示"，内容为"开盘均价在'7000 ~ 15000'之间！"，如图 6-17 所示。

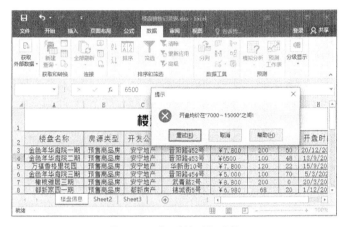

图 6-17　使用数据验证功能

（7）按规则突出显示单元格。将"总套数"大于"150"的单元格格式设置为"绿填充色，深绿色文本"。

（8）应用图形效果。将"开盘均价""总套数"和"已售"数据列分别以"数据条""色阶"和"图标集"突出显示。其中，数据条样式为"橙色渐变填充"，色阶样式为第二个色阶样式，图标集样式为"等级"栏中的第二个样式，效果如图 6-18 所示（效果 \ 第 6 章 \ 实验三 \ 楼盘销售记录表 .xlsx）。

楼盘销售信息表

楼盘名称	房源类型	开发公司	楼盘位置	开盘均价(元/平方米)	总套数(套)	已售(套)	开盘时间
金色年华庭院一期	预售商品房	安宁地产	晋阳路452号	￥7,800	200	50	20/12/2020
金色年华庭院二期	预售商品房	安宁地产	晋阳路453号	￥7,800	100	48	13/9/2021
万福香格里花园	预售商品房	安宁地产	华新街10号	￥7,800	120	22	15/9/2021
金色年华庭院三期	预售商品房	安宁地产	晋阳路454号	￥5,000	100	70	5/3/2022
橄榄雅园三期	预售商品房	安宁地产	武青路2号	￥8,800	200	0	20/3/2022
都新家园一期	预售商品房	都新房产	锦城街5号	￥6,980	68	20	1/12/2020
都新家园二期	预售商品房	都新房产	黄门大道15号	￥6,800	120	30	1/3/2021
都新家园三期	预售商品房	都新房产	黄门大道16号	￥7,200	100	30	1/6/2021
世纪花园	预售商品房	都新房产	锦城街8号	￥6,800	80	18	1/9/2021
典居房一期	预售商品房	宏远地产	金沙路10号	￥5,800	100	32	10/1/2021
都市森林一期	预售商品房	宏远地产	荣华道12号	￥7,800	120	60	22/3/2021
都市森林二期	预售商品房	宏远地产	荣华道13号	￥7,800	100	35	5/9/2021
典居房二期	预售商品房	宏远地产	金沙路11号	￥6,200	150	36	5/9/2021
典居房三期	预售商品房	宏远地产	金沙路12号	￥9,800	100	3	3/12/2021
碧海花园一期	预售商品房	佳乐地产	西华街12号	￥8,000	120	35	16/1/2021
云天听海佳园一期	预售商品房	佳乐地产	柳巷大道354号	￥8,000	90	45	5/3/2021
云天听海佳园二期	预售商品房	佳乐地产	柳巷大道355号	￥7,800	80	68	8/9/2021
碧海花园二期	预售商品房	佳乐地产	西华街13号	￥9,000	100	23	10/7/2021

图 6-18　应用图形效果

（五）实验练习

1. 统计房价调查表数据

打开"房价调查表"工作簿（素材\第6章\实验三\房价调查表.xlsx），对"每平方米单价"列进行排序，然后筛选"每平方米单价"记录（效果\第6章\实验三\房价调查表.xlsx），参考效果如图6-19所示，要求如下。

微课：统计房价调查表数据的具体操作

（1）使用数据排序功能对"每平方米单价"列按降序排列。

（2）筛选出"每平方米单价"在"4700～8500"的所有记录。

	房价调查表						
	编号	项目名称	开发商	产品类型	总户数	面积	每平方米单价
	20	现代城市	大树房地产有限公司	小高层	1266	75~115	8000
	19	城市家园	银河房地产有限公司	电梯	1310	48~118	6000
	16	魅力城	开元房地产有限公司	电梯公寓	1140	60~175	5785
	6	七里阳光	国欣房地产有限公司	小高层	2100	50~160	5500
	9	东河丽景	泰宝房地产有限公司	商铺	1309	67~220	4998
	10	芙蓉小镇	成志房地产有限公司	小高层	1244	130~230	4725
	13	东科城市花园	天地房地产有限公司	电梯公寓	498	55~137	4700

图6-19　统计房价调查表数据

2. 管理销售业绩表

打开"销售业绩表"工作簿（素材\第6章\实验三\销售业绩表.xlsx），对"总销售额"和"所属部门"列进行排序，并对销售数据进行分类汇总（效果\第6章\实验三\销售业绩表.xlsx），参考效果如图6-20所示，要求如下。

微课：管理销售业绩表的具体操作

（1）分别对"总销售额"列和"所属部门"列进行升序排列。

（2）按员工的"所属部门"进行分类，同时对"1月""2月""3月""4月""5月""6月"数据列进行求和汇总。

（3）按员工的"所属部门"进行分类，并对"总销售额"进行平均值汇总。

（4）将销售A组和销售B组的汇总信息隐藏。

图6-20　管理销售业绩表

实验四　使用图表分析表格数据

（一）实验学时

2 学时。

（二）实验目的

掌握使用图表分析表格数据的方法。

（三）相关知识

1. 图表的创建与编辑

为了使表格中的数据看起来更直观，可以用图表来展示数据。在 Excel 中，图表能清楚地展示各种数据的大小和变动情况、数据的差异和走势，从而帮助用户更好地分析数据。

（1）创建图表。选择数据区域，在"插入"/"图表"组中单击"推荐的图表"按钮，打开"插入图表"对话框，在其中进行设置即可创建图表。

（2）设置图表。选择图表，将鼠标指针移动到图表中，按住鼠标左键不放并拖动可调整图表位置；将鼠标指针移动到图表的 4 个角上，按住鼠标左键不放并拖动可调整图表的大小。

（3）重新选择和设置数据。在"图表工具 设计"/"数据"组中单击"选择数据"按钮，打开"选择数据源"对话框，在其中可重新选择和设置数据。

（4）更改图表位置。在"图表工具 设计"/"位置"组中单击"移动图表"按钮，打开"移动图表"对话框，单击选中"新工作表"单选按钮，即可将图表移动到新工作表中。

（5）更改图表类型。选择图表，在选择"图表工具 设计"/"类型"组中单击"更改图表类型"按钮，在打开的"更改图表类型"对话框中重新选择所需的图表类型。

（6）更改图表样式。选择图表，在"图表工具 设计"/"图表样式"组的列表框中选择所需的图表样式。

（7）设置图表布局。选择要更改布局的图表，在"图表工具 设计"/"图表布局"组的列表框中选择合适的图表布局。

（8）编辑图表元素。在"图表工具 设计"/"图表布局"组中单击"添加图表元素"按钮，在打开的下拉列表中选择需要调整的图表元素，并在子列表中选择相应的选项。

2. 表格的打印

在实际的办公过程中，通常要对需要存档的电子表格进行打印。利用 Excel 的打印功能不仅可以打印表格，还可以对电子表格的打印效果进行预览和设置。

（1）页面布局设置。在打印前，可根据需要对页面的布局进行设置，例如，调整分页符、调整页面布局等。可通过"分页预览"视图调整分页符、通过"页面布局"视图调整页面布局。

（2）打印预览。选择"文件"/"打印"命令，打开"打印"界面，在该界面右侧可预览打印效果。

（3）打印设置。选择"文件"/"打印"命令，打开"打印"界面，在"打印"栏的"份数"数值框中输入打印数量，在"打印机"下拉列表中选择当前可使用的打印机，在"设置"下拉列表中选择打印范围，在"单面打印""调整""纵向""自定义页面大小"下拉列表中可分别对打印方式、打印方向等进行设置，设置完成后单击"打印"按钮。

（四）实验实施

1. 制作"销售分析"图表

以图表展示数据时，需要选择适合的图表类型，同时，要添加相应的图表元素，如数据标签等，以方便用户对数据进行分析。此外，还可对图表进行格式与美化设置。下面制作"销售分析"图表，具体操作如下。

微课：制作"销售分析"图表的具体操作

（1）创建图表。打开"美乐家空调销售统计表"工作簿（素材\第6章\实验四\美乐家空调销售统计表.xlsx），在"销售额统计"工作表中选择A2:F7单元格区域，插入"簇状柱形图"图表；在"销售量统计"工作表中选择A2:G7单元格区域，插入折线图。

（2）修改图表数据。在"销售额统计"工作表中修改C3单元格的值为"1800.36"。

（3）编辑图表数据系列。删除"销售额统计"工作表图表中的"2018年销售额"数据列图形，然后隐藏"荒闪店"数据列图形，添加"2022年销售额"数据系列。

（4）编辑图表数据标签。在"销售额统计"工作表的"2022年销售额"图形外侧添加数据标签。

（5）更改图表类型。更改"销售额统计"工作表图表的类型为"三维簇状柱形图"。

（6）调整图表位置和大小。移动"销售额统计"工作表的图表到合适位置，并调整图表大小；使用"移动图表"命令将图表移动到新创建的"销售量统计图表"工作表中。

（7）图表快速布局。修改"销售额统计"工作表图表布局为"快速布局"中的"布局9"样式。

（8）设置图表元素。设置图表标题为"销售额统计"，竖排坐标轴标题为"单位：万元"，将图例显示在顶部。添加数据表，设置数据表格式为"无图例项标示"，隐藏网格线，拖动鼠标调整绘图区的大小，移动坐标轴至完全显示。

（9）应用图表样式。选择"销售额统计"工作表中的图表，应用"快速样式"中的"样式5"图表样式，更改样式颜色为"颜色4"；切换到"销售量统计图表"工作表，对图表应用"样式3"图表样式。

（10）使用图表筛选器。在"销售量统计图表"工作表的图表中筛选除"荒闪店""福路店"系列以及"一月""二月"类别外的数值。

（11）使用趋势线分析数据。为"销售量统计图表"工作表中的图表添加趋势线，对"锦华店"销售量走向进行分析。

（12）设置图表文本样式。为"销售量统计图表"工作表图表的图表标题、坐标轴和图例文字内容设置格式，图表标题的文本样式为"方正粗倩简体，24号，红色，个性色2"，图例样式为"深蓝，文字2"，设置图例文本为"半映像，接触"样式，效果如图6-21所示。

（13）设置图表形状样式。为图表区填充"茶色，背景2"颜色，设置图表区棱台效果为"角度"，为图例区渐变填充"顶部聚光灯，着色6"颜色，使用"空调"图片（素材\第6章\实验四\空调.jpg）填充绘图区，完成后的效果如图6-22所示（效果\第6章\实验四\美乐家空调销售统计表.xlsx）。

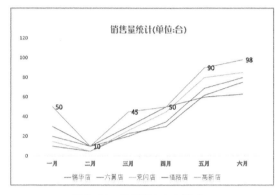

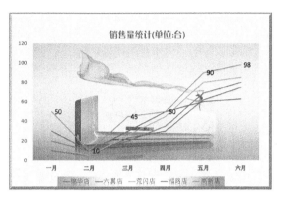

图6-21　设置图表文本样式　　　　　　　　　图6-22　设置图表形状样式

2. 分析"原料采购清单"表格

要在Excel中创建数据透视表，首先要选择需要创建数据透视表的单元格区域。需要注意的是，只有对表格中的数据内容进行分类后，使用数据透视表进行汇总才有意义。下面分析"原料采购清单"表格，具体操作如下。

微课：分析"原料采购清单"表格的具体操作

（1）创建数据透视表。打开"原料采购清单"工作簿（素材\第6章\实验四\原料采购清单.xlsx），选择任意的单元格，插入数据透视表。

（2）设置数据透视表。设置表格数据区域为A2:F20单元格区域，数据透视表放置位置为A21单元格；然后在"选择要添加到报表的字段"栏中单击选中"原料名称"和"费用"复选框，添加数据透视表的字段，完成数据透视表的创建。数据透视表将按原料名称分类，并进行费用的求和汇总。

（3）更新数据透视表。将"新鲜牛肉"的单价由"28000"修改为"30000"，然后更新数据，将引用数据源区域修改为A2:F19单元格区域。

（4）更改汇总方式。将默认的求和汇总修改为"返回采购同类商品费用的最大值"。

（5）筛选数据。先按"原料名称"字段筛选查看所需数据，然后自定义条件筛选费用大于15000的值。

（6）套用数据透视表样式。为数据透视表应用"数据透视表样式中等深浅 18"样式。

（7）删除数据透视表。将创建的数据透视表删除。

（8）创建数据透视图。插入数据透视图，设置图表类型为三维饼图。

（9）设置显示数据标签。设置数据标签格式为11，"红色，着色2"文本轮廓；设置图表标题的文本样式为"方正大标宋简体，16，加粗，红色，着色2，深色50%"，内容为"原料采购费用图表分析"。

（10）设置图表区格式。设置图表区格式为"水绿色，着色5，淡色80%"，然后取消绘图区填充背景，移动数据透视图到新建的"采购费用图表分析"工作表中，最后根据需要对标题、数据标签和图例进行调整。

（11）添加图例。在顶部添加图例，设置图例的填充颜色为"红色，着色 2，深色 50%"、图例的字体颜色为"白色，背景 1"，效果如图 6-23 所示。

（12）筛选数据。选择"小于"筛选命令，设置筛选条件为"求和项费用小于 10000"，效果如图 6-24 所示（效果 \ 第 6 章 \ 实验四 \ 原料采购清单 .xlsx）。

图6-23　编辑数据透视图　　　　　　　　　图6-24　筛选数据

3. 打印"业务员销售额统计表"工作表

对于商务办公来说，表格通常需要被编辑美化后，打印出来让公司人员或客户查看。为了在纸张中完美呈现表格内容，需要对工作表的页面、打印范围等进行设置。完成设置后，可预览打印效果。下面打印"业务员销售额统计表"工作表，具体操作如下。

微课：打印"业务员销售额统计表"工作表的具体操作

（1）设置页面和页边距。打开"业务员销售额统计表"工作簿（素材 \ 第 6 章 \ 业务员销售额统计表 .xlsx），设置打印方向为"横向"、缩放比例为"120%"、纸张大小为"A4"，表格内容居中，并进行打印预览。

（2）设置表格打印区域。将 A1:F11 单元格区域设置为打印区域，预览效果。

（3）打印设置。设置将表格打印两份。

（五）实验练习

1. 使用数据透视表分析部门费用

打开"部门费用统计表"工作簿（素材 \ 第 6 章 \ 实验四 \ 部门费用统计表 .xlsx），生成包含"所属部门""员工姓名"和"入额"字段信息的数据透视表，并进行数据筛选（效果 \ 第 6 章 \ 实验四 \ 部门费用统计表 .xlsx），参考效果如图 6-25 所示，要求如下。

微课：使用数据透视表分析部门费用的具体操作

（1）创建数据透视表，并将其放置到新工作表中。

（2）对"所属部门"和"员工姓名"进行分类，对"入额""出额""余额"费用进行求和汇总。

（3）筛选出"企划部""销售部""研发部"的数据。

图6-25　使用数据透视表分析部门费用

2．制作销售额分析图表

打开"销售额分析"工作簿（素材\第6章\实验四\销售额分析.xlsx），制作销售额分析图表（效果\第6章\实验四\销售额分析.xlsx），参考效果如图6-26所示，要求如下。

微课：制作销售额分析图表的具体操作

（1）创建所有数据源的图表。

（2）将"2019年销售额"数据列删除，将图表标题设置为链接标题，文本样式设置为"方正大黑简体、16、黑色，文字1"。

（3）将图例放置于图表顶部，文本样式设置为"11、黑色，文字1"，坐标轴文本样式设置为"11、黑色，文字1"，隐藏网格线。

（4）添加"专业品牌"数据标签，并设置数据标签文本样式。

（5）为图表区填充颜色"橄榄色，着色3，淡色60%"。

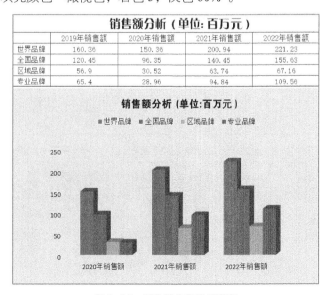

图6-26　制作销售额分析图表

第7章
演示文稿软件PowerPoint 2016

主教材的第7章主要讲解使用PowerPoint 2016制作演示文稿的方法。本章将介绍PPT的创建与编辑、PPT的美化、PPT动画效果的设计、PPT与其他软件的协同工作和输出设置4个实验。通过这4个实验，学生可以掌握PowerPoint 2016的使用方法，学会利用PowerPoint 2016制作能满足学习和工作需要的PPT。

实验一　PPT的创建与编辑

（一）实验学时

2学时。

（二）实验目的

◇　掌握演示文稿的基本操作。

◇　掌握幻灯片的基本操作。

（三）相关知识

1. PPT 版式设计原则

掌握图 7-1 所示的 8 项 PPT 版式设计原则，可以让制作出来的 PPT 更专业。

图7-1　PPT版式设计原则

2．PPT 颜色搭配

幻灯片是文字、图片和图表等的组合，科学合理的颜色搭配是制作精美幻灯片的基本要素。对于大多数人来说，最简单的方法是采用 PowerPoint 自带的配色方案。但在实际制作过程中，还需要注意以下 4 点。

（1）遵循不超过 3 种颜色的原则。工作型 PPT 的风格是专业、严谨，此类 PPT 的颜色最好不要超过 3 种。对于一些特定的行业（如广告传媒、创意设计等），设计 PPT 时应用的颜色可能会超过 3 种，但颜色的搭配仍然是有规律的。

（2）善用主色、辅色、点缀色。在制作 PPT 时，如果需要用到多种颜色，一定要明确主色、辅色和点缀色。主色、辅色和点缀色之间有严格的面积相对关系，一旦确定下来，PPT 中的每张幻灯片都应该遵循这种关系，否则会显得杂乱无章。

（3）了解 PPT 的常用配色方案。PPT 常用的配色方案有单色搭配、类似色搭配、互补色搭配、双互补色搭配。

（4）巧用灰色。灰色作为背景能够有效地烘托其他元素，特别是使用白灰渐变或黑灰渐变充当背景时，效果更好。灰色作为普通元素时常被用来表示不重要的部分，在特殊情况下，灰色也有其独特的表现效果，如灰色的文字、图表、色块等。

3．PPT 文字设计

文字在 PPT 中是不可缺少的元素，可以说是 PPT 的灵魂，它可以帮助我们传达信息。PPT 的文字设计应重点注意以下 6 点。

（1）字体不超过 3 种。如果要做出美观的 PPT，应保持字体统一，整个 PPT 中字体不超过 3 种。

（2）强化重点文字。突出重点的方法有很多，如增大字号、改变字体颜色、添加边框等。

（3）字体搭配恰当。字体可分为衬线字体与无衬线字体两类，如果确定了 PPT 的正文字体，那么在设置标题字体时可以在正文字体的基础上增大字号或加粗。

（4）文字与线条结合。文字与线条结合使用，不仅能美化版面，更重要的是线条能够起到划分层次、吸引注意力、平衡版面等作用。

（5）文字与图片结合。将图片应用到文字中，并结合各种文字效果和属性设置，能得到十分具有冲击力的效果。

（6）应用"文中文"特效。"文中文"特效指在文字中间嵌套文字的效果，适用于封面页的制作。

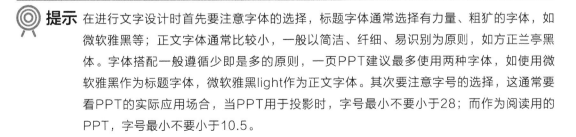

提示 在进行文字设计时首先要注意字体的选择，标题字体通常选择有力量、粗犷的字体，如微软雅黑等；正文字体通常比较小，一般以简洁、纤细、易识别为原则，如方正兰亭黑体。字体搭配一般遵循少即是多的原则，一页PPT建议最多使用两种字体，如使用微软雅黑作为标题字体，微软雅黑light作为正文字体。其次要注意字号的选择，这通常要看PPT的实际应用场合，当PPT用于投影时，字号最小不要小于28；而作为阅读用的PPT，字号最小不要小于10.5。

4. 演示文稿的基本操作

演示文稿的基本操作包括新建、保存和打开演示文稿，下面分别进行介绍。

（1）新建演示文稿。新建演示文稿主要有新建空白演示文稿、利用模板新建演示文稿、根据现有内容新建演示文稿 3 种方式。其中，新建空白演示文稿可通过"新建"命令和"Ctrl+N"组合键实现。

（2）保存演示文稿。保存演示文稿的方式与其他 Office 组件类似。

（3）打开演示文稿。演示文稿主要有 4 种打开方式，分别是打开演示文稿、打开最近使用的演示文稿、以只读方式打开演示文稿、以副本方式打开演示文稿。

5. 幻灯片的基本操作

一个演示文稿通常由多张幻灯片组成。幻灯片的基本操作主要包括新建幻灯片、应用幻灯片版式、选择幻灯片、移动和复制幻灯片、删除幻灯片等。

（1）新建幻灯片。可通过"幻灯片"窗格或"幻灯片"组新建幻灯片。

（2）应用幻灯片版式。在"开始"/"幻灯片"组中单击"版式"按钮右侧的下拉按钮，在打开的下拉列表中选择一种幻灯片版式即可应用该版式。

（3）选择幻灯片。选择幻灯片操作包括选择单张幻灯片、选择多张幻灯片、选择全部幻灯片 3 种。

（4）移动和复制幻灯片。移动和复制幻灯片的方式主要有拖动鼠标、使用菜单命令、使用快捷键 3 种。

（5）删除幻灯片。在"幻灯片"窗格或幻灯片浏览视图中均可删除幻灯片，可通过单击右键弹出快捷菜单或"Delete"键删除。

6. 认识母版的类型

PowerPoint 2016 中的母版包括幻灯片母版、讲义母版和备注母版 3 种类型，其作用和视图模式各不相同。

（四）实验实施

1. 制作"营销计划"演示文稿

营销计划类演示文稿通常用于企业或集团讨论会议上的演示。下面制作"营销计划"演示文稿，具体操作如下。

（1）根据模板创建演示文稿。利用"开始"菜单启动 PowerPoint 2016，选择"文件"/"新建"命令，搜索"营销"关键字，然后选择"红色射线演示文稿（宽屏）"模板创建演示文稿。

微课：制作"营销计划"演示文稿的具体操作

（2）保存演示文稿。单击"保存"按钮，打开"另存为"对话框，将演示文稿以"营销计划"为名保存在 E 盘中，如图 7-2 所示。

（3）设置定时保存演示文稿。在"PowerPoint 选项"对话框中设置定时保存时间间隔为 10 分钟，如图 7-3 所示。

（4）新建幻灯片。在第 2 张幻灯片下方新建一张版式为"节标题"的幻灯片，如图 7-4 所示。

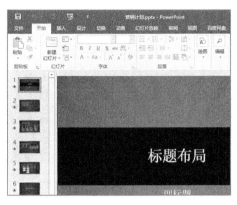

图7-2　保存演示文稿

图7-3　设置定时保存演示文稿

（5）删除幻灯片。同时选择第 9 张和第 10 张幻灯片，使用任意一种方法删除幻灯片，如图 7-5 所示。

图7-4　新建幻灯片

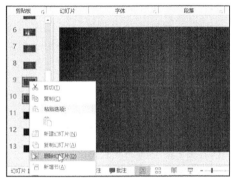

图7-5　删除幻灯片

（6）复制幻灯片。同时选择第 4 张、第 5 张和第 6 张幻灯片，使用任意一种方法将它们复制到第 6 张幻灯片的下方。

（7）移动幻灯片。保持幻灯片处于被选择状态，通过拖动的方式将这 3 张幻灯片移动到第 10 张幻灯片下方，如图 7-6 所示。

（8）修改幻灯片的版式。将第 11 张和第 12 张幻灯片的版式修改为"空白"样式，如图 7-7 所示。

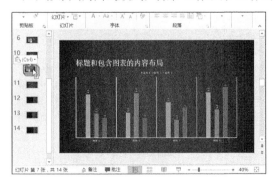

图7-6　移动幻灯片

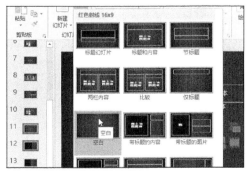

图7-7　修改幻灯片的版式

（9）隐藏和显示幻灯片。利用右键快捷菜单隐藏第 11 张和第 12 张幻灯片，播放演示文稿后将第 12 张幻灯片取消隐藏，如图 7-8 所示。

（10）播放幻灯片。只播放第 5 张幻灯片，观察效果，如图 7-9 所示（效果 \ 第 7 章 \ 实验一 \ 营销计划 .pptx）。

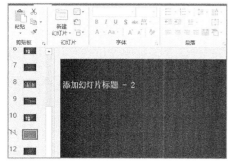
图 7-8　隐藏和显示幻灯片

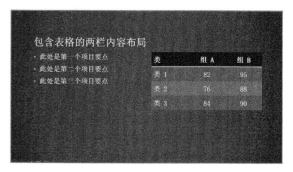
图 7-9　播放幻灯片

2. 编辑"微信推广计划"演示文稿

编辑"微信推广计划"演示文稿主要涉及在幻灯片中插入和编辑文本、设置文本样式，以及设置艺术字样式等操作。下面对"微信推广计划"演示文稿进行编辑，具体操作如下。

微课：编辑"微信推广计划"演示文稿的具体操作

（1）打开演示文稿。打开"微信推广计划"演示文稿（素材 \ 第 7 章 \ 实验一 \ 微信推广计划 .pptx）。

（2）移动和删除占位符。删除第 1 张幻灯片中的副标题占位符，然后将标题占位符向上移动。

（3）设置占位符样式。为第 1 张幻灯片中的标题占位符设置样式，其中形状填充为"浅绿"，形状轮廓颜色为"白色，背景 1"，样式为"虚线"中的"划线 - 点"，形状效果为外部阴影中的"偏移：右下"，效果如图 7-10 所示。

（4）输入文本。在第 1 张幻灯片的标题占位符中输入"微信推广计划"文本，然后在第 2 ～ 14 张幻灯片中输入其他的相关文本，效果如图 7-11 所示。

图 7-10　设置占位符样式

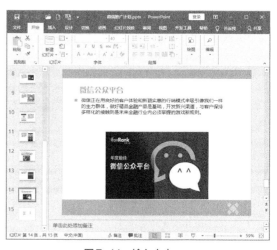
图 7-11　输入文本

（5）绘制文本框。在第 15 张幻灯片中绘制一个横排文本框，然后输入文本"谢谢大家"。

（6）设置文本样式。将第 1 张幻灯片的文本样式设置为"方正粗倩简体、白色"，将第 15 张幻灯片的文本样式设置为"方正大黑简体、66、加粗"，并设置自定义颜色的 RGB 值为"153、204、0"，如图 7-12 所示。

（7）设置其他幻灯片的文本样式。分别为第 2 ～ 14 张幻灯片设置文本样式，其中标题占位符中的文本样式为"方正粗倩简体"，正文文本样式为"方正黑体简体"，如图 7-13 所示。

图7-12　设置文本样式

图7-13　设置其他幻灯片的文本样式

（8）设置艺术字样式。为第 1 张幻灯片的文本设置艺术字样式，其中文本效果为外部阴影中的"偏移：右下"和映像变体中的"紧密映像，8pt 偏移量"，效果如图 7-14 所示。

（9）设置项目符号。为第 6 张幻灯片中的正文文本应用项目符号，样式为浅绿色的"带填充效果的大方形项目符号"，然后为其他文本占位符应用相同的项目符号，如图 7-15 所示（效果 \ 第 7 章 \ 实验一 \ 微信推广计划 .pptx）。

图7-14　设置艺术字样式

图7-15　设置项目符号

3. 制作"飓风国际专用"母版演示文稿

使用母版和模板是快速制作 PPT 的有效手段，是提高工作效率的操作。下面制作"飓风国际专用"母版演示文稿，具体操作如下。

微课：制作"飓风国际专用"母版演示文稿的具体操作

（1）设置页面。新建一个名为"飓风国际专用"的空白演示文稿，然后在"设计"/"自定义"组中设置幻灯片页面为"宽屏（16：9）"。

（2）设置母版背景。进入母版视图，将第 2 张幻灯片的标题和副标题占位符删除，设置背景为"线性对角 - 右下到左上"的渐变填充，并将中间的渐变颜色滑块删除，将左侧颜色滑块的位置设置为"22%"，颜色为"13、75、158"，将右侧颜色滑块的颜色修改为"2、160、199"。

（3）插入图片。将"Logo""气泡""曲线"（素材\第7章\实验一\Logo.png、气泡.png、曲线.png）3张图片插入幻灯片中，并调整大小和位置。

（4）设置标题占位符。显示标题占位符并将其移动到中间位置，然后设置占位符的文本样式为"方正大黑简体、44、文本左对齐、白色"。

（5）插入图片占位符。插入一个图片占位符，然后将形状修改为"椭圆"，将轮廓设置为"白色"。

（6）插入文本占位符。在第一个图片占位符的左侧插入一个文本占位符，输入"CKL"，设置文本样式为"BankGothic Md BT、28、白色"，然后将文本占位符和图片占位符分别复制两个，效果如图7-16所示。

（7）制作内容幻灯片母版。在第2张幻灯片的下方添加一张幻灯片，删除幻灯片中的标题占位符，添加"Logo"和"背景"图片，然后将标题幻灯片中右侧的图片占位符和文本占位符粘贴到该幻灯片中，并调整到合适位置，效果如图7-17所示。

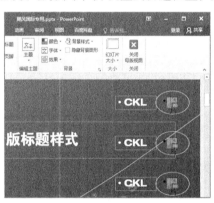

图7-16　插入文本占位符

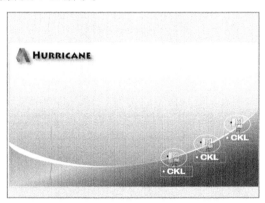

图7-17　制作内容幻灯片母版

（8）应用幻灯片母版。返回PowerPoint，在其中创建一张标题幻灯片和一张内容幻灯片（效果\第7章\实验一\飓风国际专用.pptx）。

（五）实验练习

1. 编辑"企业文化礼仪培训"演示文稿

打开"企业文化礼仪培训"演示文稿（素材\第7章\实验一\企业文化礼仪培训.pptx），对其中的幻灯片进行编辑，参考效果如图7-18所示，要求如下。

微课：编辑"企业文化礼仪培训"演示文稿的具体操作

（1）替换整个演示文稿的字体，并输入文本。

（2）为标题占位符单独设置字体，并应用艺术字样式。

（3）插入文本框，并设置文本框的文本样式。

（4）提炼文本内容，添加并设置项目符号（效果\第7章\实验一\企业文化礼仪培训.pptx）。

图7-18　"企业文化礼仪培训"演示文稿参考效果

2. 为"共青团活动"演示文稿设计母版

某大学要开展以"激发爱国主义情感，升华爱国主义思想，形成爱国主义规范，促进爱国主义行为"为主题的共青团活动，并需要制作活动相关的演示文稿。下面就为此设计幻灯片母版，参考效果如图 7-19 所示，要求如下。

（1）新建"共青团活动母版"演示文稿，进入母版编辑模式，将"母版背景"图片（素材\第 7 章\实验一\母版背景 .png）设置为所有幻灯片的背景。

微课：为"共青团活动"演示文稿设计母版的具体操作

（2）在标题页中，将"图片 1 ～ 3"（素材\第 7 章\实验一\图片 1.png ～图片 3.png）3 张图片插入幻灯片中，并调整大小和位置，设置标题文本样式为"方正楷体简体、72/54、加粗、文字阴影、红色"。

（3）为内容幻灯片母版中的正文设置占位符的样式，字体有"方正楷体简体"和"微软雅黑"，字号有"16""32""40""54"，字符样式有"加粗"和"文字阴影"，颜色有"红色"和"黑色"（效果\第 7 章\实验一\共青团活动母版 .pptx）。

图7-19　"共青团活动母版"演示文稿参考效果

实验二　PPT的美化

（一）实验学时

2 学时。

（二）实验目的

◇ 掌握在幻灯片中插入并编辑图片的方法。

◇ 掌握在幻灯片中插入和编辑形状、艺术字的方法。

◇ 掌握 SmartArt 图形的编辑方法。

◇ 掌握表格和图表的使用方法。

（三）相关知识

1. 表格、图表和形状的设计原则

无论是演讲型 PPT，还是阅读型 PPT，表格、图表和形状都是可能会用到的基本元素。它们不仅可以将枯燥的数据生动直观地展示出来，便于用户对数据进行理解和分析，而且能提升 PPT 的美感和可读性。

（1）表格设计技巧

表格主要用于归纳数据，但其设计风格会影响 PPT 的质量。在设计幻灯片表格时，可从以下几方面着手。

① 表格必须清晰明了。美化表格可遵循内容简明扼要、边框宜细不宜粗、不宜过度美化 3 点原则。

② 提升表格质量。可通过设计表格的组成元素来提升表格质量，主要有色彩搭配遵循主题、让表格具有 PPT 的气质、突出重点数据 3 种方式。

③ 设计创意表格。可借助外部对象或通过设计表格自身的元素，如边框和底纹等，跳出固定思维模式，设计出独具创意的表格。

（2）图表设计技巧

使用图表可以将数据以各种精美的图形形式展示给大家，图表是不可多得的提升 PPT 内容质量和丰富版面的工具。PPT 的图表设计有以下技巧。

① 图表使用基本原则。正确的图表显示正确的数据、杜绝花哨的图表、图形数据应清晰到位、二维效果通常好于三维效果、坐标和单位必须正确、数据系列应直观且简单。

② 图表元素取舍适度。PPT 中最常用的图表元素主要有图表标题、图例、数据系列、数据标签、网格线和坐标轴等。

③ 美化数据系列。美化数据系列主要利用层叠效果和重叠效果来实现。

④ 打造出更加形象美观的图表。可巧用形状和图标反映图表数据，以打造更加美观形象的图表，也可以直接使用滑块百分比图表效果。

（3）形状和图标美化技巧

使用PPT中的各种形状及由形状编辑而来的各种图标，能够使PPT质量有很大的提升。下面介绍与形状和图标相关的美化技巧。

① 应用现有形状。以形状为元素制作幻灯片，即利用各种现有的形状作为元素制作幻灯片。现有形状包括矩形、圆形、弧线、直线等。形状可以作为版面延伸的工具，将单调乏味的幻灯片变得更加饱满、丰富和立体。

② 图标的制作。图标实际上就是各种形状的变形、组合。图标的制作可通过对多个形状进行管理、布尔计算和编辑形状顶点来实现。

2. 图片选择技巧

图片在PPT中起着举足轻重的作用，它不仅能提升用户体验，还能聚焦内容、引导视线、渲染气氛、帮助理解。下面介绍在PPT中挑选图片、处理图片和使用图片的技巧。

（1）挑选图片的技巧。挑选图片时，应该从图片的质量、内容、风格、主题等方面考虑，精挑细选才能得到理想的素材。需要兼顾的原则包括图片的高分辨率需要、图片内容与主题相匹配、图片整体风格要统一、选择有"空间"的图片等。

（2）调整图片的技巧。找到符合需要的高质量图片后，图片的尺寸、亮度等都有可能需要调整，这样才能使图片完美地融入PPT。调整图片的操作主要包括裁剪图片、调整图片亮度、删除图片中无用的背景、为图片应用各种图片样式和艺术效果等。

（3）多图排版与图文混排技巧。多图排版与图文混排应遵循多图排列应整齐、利用色块平衡图片、用局部来表现整体、用图片引导内容、文字较多时简化背景等原则。

（4）全图型PPT设计技巧。全图型PPT的特点非常鲜明：幻灯片背景为一张高质量图片，图片分辨率极高，能给人以较大的视觉冲击力；图片上只有极精简的文字内容，文字与图片相辅相成。全图型PPT非常适用于知识分享、产品发布、团队建设等场景，设计时可从图片的选择、文字的设计及版面的安排等方面入手。

（四）实验实施

1. 制作"产品展示"演示文稿

产品展示类演示文稿通常用于展示企业的产品，主要涉及插入与编辑图片和形状方面的操作，如图片的插入、裁剪、移动、排列、颜色调整及形状的绘制、排列和颜色填充等。下面制作"产品展示"演示文稿，具体操作如下。

微课：制作"产品展示"演示文稿的具体操作

（1）插入图片。打开"产品展示"演示文稿（素材\第7章\实验二\产品展示.pptx），在第2张幻灯片中插入"9"图片（素材\第7章\实验二\9.jpg）。

（2）裁剪图片。将图片的多余部分裁剪掉，然后将其移动到合适的位置。

（3）改变图片的叠放顺序。将图片放到所有文字的下方。

（4）调整图片的颜色。将图片复制到第3张幻灯片中，并将其放到所有文字下方，调整颜色为褐色。按照相同的方法将图片复制到第4～8张和第12张幻灯片中，并调整颜色与叠放顺序，效果如图 7-20 所示。

（5）精确设置图片大小。在第 4 张幻灯片中插入 "a4" "a6" "z" 3 张图片（素材＼第 7 章＼实验二＼a4.jpg、a6.jpg、z.jpg），统一将图片的高度设置为 "3.49"，并调整图片的摆放位置。

（6）插入并设置图片。在第 8 张幻灯片中插入 8 张图片，统一设置图片的高度为 "1.64"；然后在第 9 张、第 10 张、第 11 张幻灯片中各插入一张图片，设置图片的高度为 "4"；在第 12 张幻灯片中插入 3 张图片，将其宽度设置为 "2.92"，效果如图 7-21 所示。

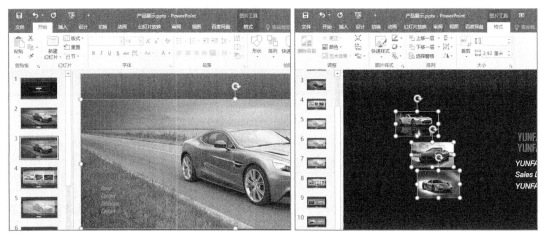

图 7-20 调整图片的颜色　　　　　　图 7-21 插入并设置图片

（7）排列和对齐图片。将第 4 张幻灯片中的 3 张图片顶端对齐且横向分布，然后通过拖动的方式对齐第 8 张幻灯片中的图片，最后将第 12 张幻灯中的图片左对齐且纵向分布，效果如图 7-22 所示。

（8）组合图片。利用按钮组合第 4 张幻灯片中的图片，利用右键快捷菜单组合第 8 张幻灯片中的图片，然后使用任意方法组合第 12 张幻灯片中的图片。

（9）设置图片样式。为第 4 张幻灯片中组合的图片设置边框，颜色为 "白色，背景 1，深色 5%"，图片效果为外部阴影中的 "右下斜偏移"。

（10）复制图片样式。利用格式刷分别为第 8～12 张幻灯片中的图片应用第 4 张幻灯片中图片的样式，效果如图 7-23 所示。

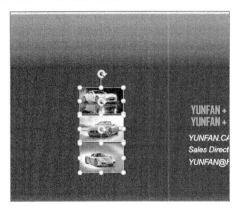

图 7-22 排列和对齐图片

图 7-23 复制图片样式

（11）绘制并编辑形状。在第 1 张幻灯片中绘制一条水平直线段，在第 4 张幻灯片中绘制一个矩形，将其放到背景图像的上方，并设置为"无轮廓"样式，效果如图 7-24 所示。

（12）继续绘制形状。在第 8 张幻灯片中绘制 4 个相同大小的矩形，设置形状轮廓颜色为"白色，背景 1，深色 5%"，粗细为"0.25 磅"；在第 9 张幻灯片中绘制 3 个矩形，设置形状轮廓颜色为"白色，背景 1，深色 5%"，粗细为"0.25 磅"。

（13）设置形状填充。设置第 4 张幻灯片中形状的填充颜色为"白色，背景 1"，并将透明度修改为"50%"；设置第 8 张幻灯片中的形状填充颜色为"118、0、0"；设置第 9 张幻灯片中的形状填充颜色为"黑色，文字 1，淡色 50%"，效果如图 7-25 所示。

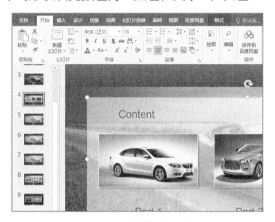

图 7-24　绘制并编辑形状

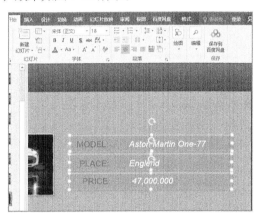

图 7-25　设置形状填充

（14）设置形状效果。设置第 8 张幻灯片中 4 个矩形的形状效果为外部阴影中的"右下斜偏移"，设置第 9 张幻灯片中 3 个矩形的形状效果为外部阴影中的"右下斜偏移"，然后将第 9 张幻灯片中的 3 个矩形复制到第 10 张和第 11 张幻灯片中，并调整叠放顺序，效果如图 7-26 所示。

（15）设置线条格式。设置第 1 张幻灯片中的直线段形状轮廓颜色为"白色，背景 1"，粗细为"6 磅"，渐变线，方向为"线性向右"，渐变光圈中左侧滑块的透明度为"100%"。删除第 2 个滑块，设置第 3 个滑块的位置为"50%"、透明度为"0%"、颜色为"白色，背景 1"，设置第 4 个滑块的透明度为"100%"。复制该直线段，将复制得到的直线段移动到下方，并设置为左右居中对齐，效果如图 7-27 所示（效果 \ 第 7 章 \ 实验二 \ 产品展示 .pptx）。

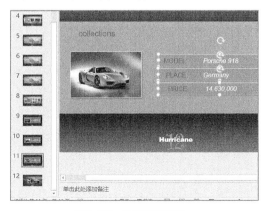

图 7-26　设置形状效果

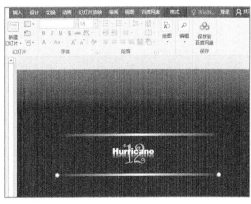

图 7-27　设置线条格式

2. 制作"分销商大会"演示文稿

下面制作一个"分销商大会"演示文稿，主要涉及在幻灯片中插入、编辑和美化图表与 SmartArt 图形等操作，具体操作如下。

（1）插入表格。打开"分销商大会"演示文稿（素材\第 7 章\实验二\分销商大会 .pptx），删除标题占位符和副标题占位符，然后插入一个 5 行 10 列的表格，最后拖动鼠标调整表格大小和位置。

微课：制作"分销商大会"演示文稿的具体操作

（2）设置表格背景。设置表格背景为"背景"图片（素材\第 7 章\实验二\背景 .jpg），底纹为"无颜色填充"。

（3）设置表格边框。设置表格边框颜色为"白色，背景 1"，粗细为"2.25 磅"，边框为"所有框线"。

（4）编辑表格。合并第 4 行右侧的 5 个单元格，设置合并后的单元格底纹颜色为"255、0、100"，然后在其中输入文本，并设置文本样式为"方正综艺简体、白色、底端对齐"，字号分别为"40""32"。

（5）插入文本框。在右下角绘制一个横排文本框，输入文本后设置文本样式为"方正黑体简体、18、右对齐"，效果如图 7-28 所示。

（6）插入 SmartArt 图形。新建一张幻灯片，删除内容占位符，添加"分销商组织结构图"文本，设置文本样式为"方正粗宋简体、24、左对齐"，然后在幻灯片中插入一个"标记的层次结构"SmartArt 图形，并拖动鼠标调整大小和位置。

（7）添加和删除形状。在第 1 行的第一个形状下方添加一个形状，删除第 3 行中的第 1 个和第 2 个形状，然后在第 3 行添加 5 个形状。

（8）在形状中输入文本。直接输入或通过文本窗格输入"亚洲区"等文本，输入后设置文本样式为"华文中宋、加粗、文字阴影、黑色"。

（9）设置形状大小。在 3 个矩形上输入"一级分销商""二级分销商""三级分销商"文本，然后设置矩形高度为"3 厘米"，设置其他形状的高度为"2.7 厘米"。

（10）美化 SmartArt 图形。更改 SmartArt 图形的颜色为"渐变循环 - 着色 3"，并应用"中等效果"样式。

（11）更改形状。将 3 个矩形的形状更改为"剪去对角的矩形"形状，然后设置艺术字样式为"白色，背景 1"，示意效果如图 7-29 所示（效果\第 7 章\实验二\分销商大会 .pptx）。

图 7-28　插入文本框

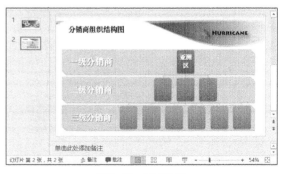

图 7-29　示意效果

3. 使用图表分析"新品上市推广计划"演示文稿中的数据

在 PPT 中，也可通过图表来分析和展示数据。下面使用图表分析"新品上市推广计划"演示文稿中的数据，具体操作如下。

（1）插入图表。打开"新品上市推广计划"演示文稿（素材 \ 第 7 章 \ 实验二 \ 新品上市推广计划 .pptx），在第 13 张幻灯片中插入一个"簇状柱形图"图表，然后输入数据，效果如图 7-30 所示。

（2）编辑图表样式。将图表类型更改为"饼图"，不显示图表标题，设置数据标签为"数据标注"，图例在右侧，然后调整图表的大小和位置，使其显示在幻灯片右侧。

微课：使用图表分析"新品上市推广计划"演示文稿中的数据的具体操作

（3）编辑图表数据。将 B6 单元格的数据设置为"12%"，将 B8 单元格的数据设置为"8%"。

（4）美化图表。设置数据系列格式的饼图分离程度为"25%"，设置绘图区的填充颜色为"黄色"、边框颜色为"橙色"、边框宽度为"1.5 磅"，设置整个图表区域为图片或纹理填充中的"花束"纹理，效果如图 7-31 所示（效果 \ 第 7 章 \ 实验二 \ 新品上市推广计划 .pptx）。

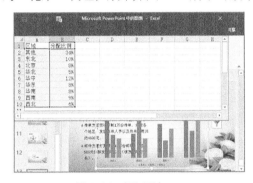

图 7-30　插入图表

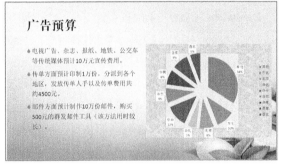

图 7-31　美化图表

（五）实验练习

1. 编辑"服装市场调查报告"演示文稿

打开"服装市场调查报告"演示文稿（素材 \ 第 7 章 \ 实验二 \ 服装市场调查报告 .pptx），对其进行编辑，参考效果如图 7-32 所示，要求如下。

（1）在第 4、5、6 张幻灯片中分别插入图片。

（2）将第 4 张幻灯片中图片的饱和度设置为"200%"，应用"柔化边缘椭圆"图片样式。

微课：编辑"服装市场调查报告"演示文稿的具体操作

（3）将第 5 张幻灯片中图片的锐化设置为"50%"，应用"双框架，黑色"图片样式。

（4）将第 6 张幻灯片中图片的亮度设置为"+20%"、对比度设为"0%（正常）"，应用"映像圆角矩形"图片样式。

（5）在第 8 张幻灯片中插入"垂直曲形列表"SmartArt 图形，输入文本，将 SmartArt 图形中形状的形状填充和形状轮廓分别设置为橙色、绿色和蓝色（效果 \ 第 7 章 \ 实验二 \ 服装市场调查报告 .pptx）。

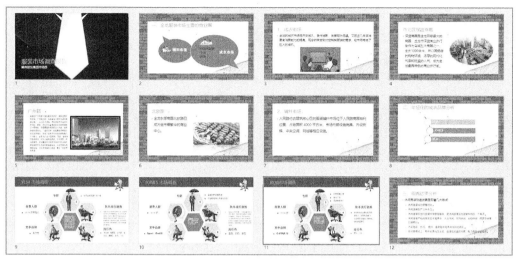

图7-32　"服装市场调查报告"演示文稿参考效果

2. 编辑"企业信息化投资分析报告"演示文稿

打开"企业信息化投资分析报告"演示文稿进行编辑（素材 \ 第 7 章 \ 实验二 \ 企业信息化投资分析报告 .pptx），参考效果如图 7-33 所示，要求如下。

（1）在第 5、8、10、13 张幻灯片中分别插入 SmartArt 图形。

（2）对插入的 SmartArt 图形进行编辑和美化（效果 \ 第 7 章 \ 实验二 \ 企业信息化投资分析报告 .pptx）。

微课：编辑"企业信息化投资分析报告"演示文稿的具体操作

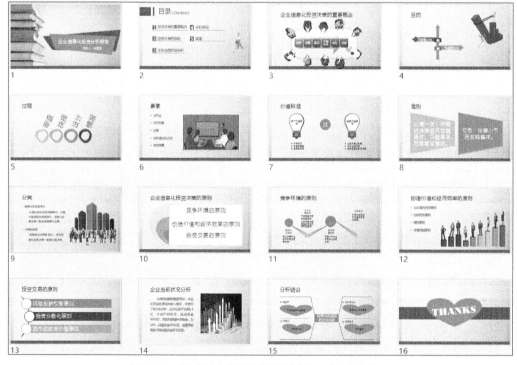

图7-33　"企业信息化投资分析报告"演示文稿参考效果

实验三 PPT动画效果的设计

（一）实验学时

1 学时。

（二）实验目的

◇ 掌握在幻灯片中添加动画的方法。

◇ 掌握在幻灯片中切换动画的方法。

◇ 掌握超链接的设置方法。

◇ 掌握动作按钮的设置方法。

（三）相关知识

1. 动画设计技巧

（1）动画制作的基本原则。动画制作主要应遵循宁缺毋滥、繁而不乱、突出重点、适当创新四大基本原则。

（2）封面页动画效果。封面页通常采用叠影字动画效果、飞驰穿越动画效果或逐个放大动画效果，以便标题更加引人注目。

（3）目录页动画效果。一般采取同时显示或逐个显示来展示演示文稿的框架。

（4）内容页动画效果。内容页动画效果的设计因内容的不同而不同，涉及文字、形状、表格、图表和图片等对象。它的设计思路没有固定模式，但应当以内容为依据，有的放矢。

（5）结束页动画效果。结束页主要用于对观众表示感谢和致意，如添加"谢谢观看""再见"之类的文字，或是体现公司的 Logo 和理念。若是表示感谢应选择自然、流畅、平静和舒缓的动画效果；若是体现公司的 Logo 和理念，则应将动画效果设置得更加生动活泼。

2. 插入多媒体文件

（1）插入音频文件。选择幻灯片，在"插入"/"媒体"组中单击"音频"按钮，打开的下拉列表中提供了"PC上的音频"和"录制音频"两种插入方式。

（2）插入视频文件。选择幻灯片，在"插入"/"媒体"组中单击"视频"按钮，在打开的下拉列表中选择"PC上的视频"选项，在打开的"插入视频文件"对话框中选择要插入的视频文件，单击"插入"按钮即可插入视频。

（四）实验实施

1. 为"旅游宣传"演示文稿添加音频和视频

旅游不仅能让大学生开阔视野、丰富阅历、调整生活状态，还可以让大学生观赏祖国的大好河山、学习中华民族的传统文化、增强民族自豪感。在制作

微课：为"旅游宣传"演示文稿添加音频和视频的具体操作

旅游宣传类演示文稿时，其设计风格应该是图文并茂、生动形象。下面为"旅游宣传"演示文稿添加音频和视频，具体操作如下。

（1）插入音频。打开"旅游宣传"演示文稿（素材\第7章\实验三\旅游宣传 .pptx），插入音频（素材\第7章\实验三\音频 .mp3），效果如图 7-34 所示。

（2）美化声音图标。将第 1 张幻灯片中的声音图标移动到左下角，并将其放大，修改图标颜色为"绿色，个性色 6 深色"，然后设置图标效果为发光中的"绿色，18pt 发光，个性色 6"，效果如图 7-35 所示。

图7-34 插入音频

图7-35 美化声音图标

（3）插入视频。在第 1 张幻灯片后新建一张幻灯片，在其中插入视频（素材\第7章\实验三\视频 .mp4），然后将视频画面与幻灯片左侧和顶端对齐，并将其大小调整到与幻灯片一致。设置视频在单击时开始播放，播完返回开头，并裁剪视频使其在"00:03"秒开始、"00:15"秒结束，如图 7-36 所示。

（4）美化视频样式。将视频颜色调整为"亮度：0%（正常），对比度：-20%"，视频样式设为"简单框架，黑色"，效果如图 7-37 所示（效果\第7章\实验三\旅游宣传 .pptx）。

图7-36 插入视频

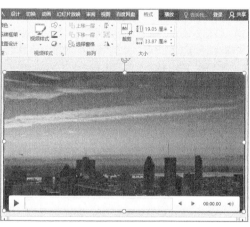
图7-37 美化视频样式

2. 为"升级改造方案"演示文稿设置动画

动画能使演示文稿更加生动形象。下面为"升级改造方案"演示文稿设置动画，具体操作如下。

（1）添加动画效果。打开"升级改造方案"演示文稿（素材 \ 第 7 章 \ 实验三 \ 升级改造方案 .pptx），为第 2 张幻灯片左上角的图片应用"飞入"进入动画，为右上角的图片应用"缩放"进入动画。

微课：为"升级改造方案"演示文稿设置动画的具体操作

（2）为文本框添加动画。为第 4 张幻灯片中的第一个文本框添加"轮子"进入动画，为第 2 个文本框添加"浮入"进入动画；为第 5 张幻灯片的第一个文本框添加"淡入"进入动画；为第 6 张幻灯片左侧的图片和文本框添加"形状"进入动画，为右侧的图片和文本框添加"随机线条"进入动画；为第 7 张幻灯片的第 1 个和第 2 个文本框添加"擦除"进入动画，效果如图 7-38 所示。

（3）设置动画效果。为第 2 张幻灯片的第 1 个动画设置计时期间为"非常慢（5 秒）"；为第 4 张幻灯片的第 2 个动画设置计时期间为"中速（2 秒）"；设置第 5 张幻灯片的动画效果中的声音为"鼓掌"，并调整声音的大小；设置第 6 张幻灯片的第 2 个和第 4 个动画的计时开始为"上一动画之后"；为第 7 张幻灯片的第 1 个动画设置效果，其中"正文文本动画"中的组合文本为"按第一级段落"样式，计时期间为"非常慢（5 秒）"，为第 2 个动画设置效果，其中计时期间为"中速（2 秒）"。

（4）复制动画。将第 2 张幻灯片左上角的图片动画效果设置为"自左侧"，利用动画刷复制动画并将其应用到该幻灯片中的其他图片上；将第 5 张幻灯片中的第 1 个文本框动画复制到该幻灯片中的其他文本框上，效果如图 7-39 所示。

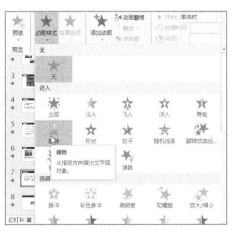

图7-38 添加动画

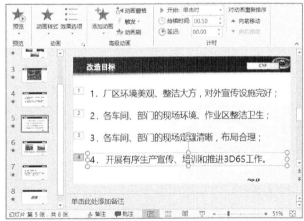

图7-39 复制动画

（5）设置动作路径动画。为第 8 张幻灯片中的文本框添加路径动画，其中路径样式为"弹簧"，然后调整动画的开始和结尾位置。

（6）设置切换效果。设置第 4 张幻灯片的切换效果为"菱形"，第 5 张幻灯片的切换效果为"加号"，第 6 张幻灯片的切换效果为"放大"，第 7 张幻灯片的切换效果为"弹跳切出"，第 8 张幻灯片的切换声音为"鼓掌"（效果 \ 第 7 章 \ 实验三 \ 升级改造方案 .pptx）。

3. 制作两个关于企业年会报告的演示文稿

下面分别制作"企业资源分析"和"产品开发的核心战略"两个演示文稿，主要涉及 PowerPoint 超链接、动作按钮和触发器等方面的知识，具体操作如下。

微课：制作两个关于企业年会报告的演示文稿的具体操作

（1）插入动作按钮。打开"企业资源分析"演示文稿（素材\第7章\实验三\企业资源分析.pptx），在第2张幻灯片的右下角插入"动作按钮：转到开头"形状按钮；然后在其右侧插入"动作按钮：后退或前一项"形状按钮，再插入一个"动作按钮：前进或下一项"形状按钮；最后插入"动作按钮：转到结尾"动作按钮。

（2）编辑动作按钮的超链接。设置开始按钮的播放声音为"电压"，设置后退按钮的鼠标悬停声音为"风声"，设置前进按钮的鼠标悬停声音为"风声"，设置结束按钮的播放声音为"鼓掌"。

（3）编辑动作按钮样式。设置4个动作按钮的高度为"1厘米"、宽度为"2厘米"、对齐方式为"垂直居中"和"横向分布"、形状效果为10磅的"柔化边缘"、透明度为"80%"，然后将其复制到除第1张幻灯片外的其他幻灯片中，效果如图7-40所示。

（4）创建超链接。将第2张幻灯片的"Part 1"文本框链接到第3张幻灯片，然后为"分析现有资源"和"01"两个文本框创建超链接并且都链接到第3张幻灯片；将"Part2""分析资源的利用情况""02"3个文本框链接到第4张幻灯片；将"Part3""分析资源的应变能力""03"3个文本框链接到第5张幻灯片；将"Part 4""分析资源的平衡情况""04"3个文本框链接到第6张幻灯片。

（5）插入并设置形状。打开"产品开发的核心战略"演示文稿（素材\第7章\实验三\产品开发的核心战略.pptx），在第2张幻灯片中插入"下箭头标注"形状，设置填充颜色为"蓝色，无轮廓"；然后输入文本"规划"，文本样式为"方正黑体简体、36、加粗"，换行输入文本"Planning"，文本样式为"Arial、14、加粗"；接着复制刚才设置好的形状，粘贴两个到其右侧，分别在复制的形状中修改文本为"协商 Negotiation"和"开发 Development"，设置3个形状的对齐方式为"垂直居中"和"横向分布"；最后将形状组合，效果如图7-41所示。

图7-40　编辑动作按钮样式

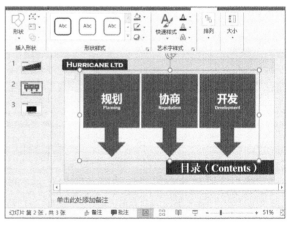

图7-41　插入并设置形状

（6）设置动画样式。为组合的形状应用"切入"进入动画，效果为"自顶部"，然后添加"切出"退出动画。

（7）设置触发器。设置第 1 个动画的计时触发器为"单击下列对象时启动动画效果"，并设置为"矩形 18：目录（Contents）"；然后将另外一个动画效果移动到触发器的下方，并设置开始为"上一动画之后"，延迟"10.00"，效果如图 7-42 所示。

（8）插入视频文件。在第 2 张幻灯片下面通过快捷键复制一张相同的幻灯片，删除其中的目录，然后在其中插入"项目施工演示动画 _ 标清"视频文件（素材 \ 第 7 章 \ 实验三 \ 项目施工演示动画 _ 标清 .avi），并设置视频开始为"单击时"。

（9）插入并设置形状。在视频下方插入一个"圆角矩形"，形状样式为"强烈效果 - 蓝色，强调颜色 1"，输入文本"PLAY"，文本样式为"思源黑体、32、加粗、文字阴影"，然后将形状复制一个放在右侧，并修改文本为"PAUSE"。

（10）添加和设置动画。为插入的视频添加"播放"和"暂停"动画效果。

（11）设置触发器。设置播放动画的触发器为"单击下列对象时启动动画效果"，并设置为"圆角矩形 5：PLAY"；设置暂停动画的触发器为"单击下列对象时启动动画效果"，并设置为"圆角矩形 11：PAUSE"，效果如图 7-43 所示（效果 \ 第 7 章 \ 实验三 \ 产品开发的核心战略 .pptx）。

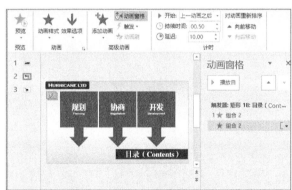
图7-42　设置触发器

图7-43　设置触发器

（五）实验练习

1. 设计"垃圾分类"演示文稿

实施垃圾分类是我国为保护环境和实现碳中和目标而制定的重要举措，所以需要全民参与、推广和实施。下面设计垃圾分类的演示文稿，对垃圾分类的基础知识进行宣传，参考效果如图 7-44 所示，要求如下。

微课：设计"垃圾分类"演示文稿的具体操作

（1）在第一张幻灯片中插入音频（素材 \ 第 7 章 \ 实验三 \ 音频 .mp3），然后将其设置为"自动、跨幻灯片播放、循环播放，直到停止"。

（2）将图片 1（素材 \ 第 7 章 \ 实验三 \ 图片 1.png）插入第 1 张和第 9 张幻灯片中，位置在左下角和右下角，以及第 2 张幻灯片的中间偏左位置；将图片 2（素材 \ 第 7 章 \ 实验三 \ 图片 2.png）插入第 1、2、9 张幻灯片中，位置在左上角和右上角；将图片 3 ～

6（素材\第7章\实验三\图片3.png～图片6.png）插入第5、6、7、8张幻灯片中。

（3）为第1、2、9张幻灯片设置切换动画，类型为"随机"。

（4）在第1张和第9张幻灯片中，为左、右下角的两张图片设置"缩放"动画，开始时间为"与上一动画同时"，为中间的文字组合设置"缩放"动画，开始时间为"上一动画之后"；在第2张幻灯片中，为中间的文本框设置"飞入"动画，开始时间为"上一动画之后"，为左下角的图片设置"缩放"动画，开始时间为"上一动画同时"；在第5张幻灯片中，为左侧的图片设置"缩放"动画，开始时间为"上一动画之后"，为右侧的所有形状组合设置"擦除"动画，开始时间为"上一动画之后"；在第6张幻灯片中，为左侧的图片设置"缩放"动画，开始时间为"上一动画之后"；在第7张幻灯片中，为右侧的图片设置"缩放"动画，开始时间为"上一动画之后"，为中间的线条设置"阶梯状"动画，开始时间为"上一动画之后"；在第8张幻灯片中，为左侧的图片设置"缩放"动画，开始时间为"上一动画之后"，为下面的5个文本框设置"擦除"动画，开始时间为"单击时"。

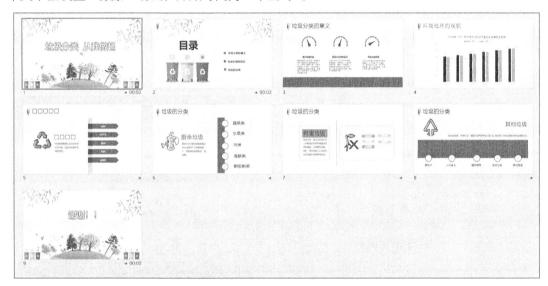

图7-44 "垃圾分类"演示文稿参考效果

2. 为"结尾页"演示文稿制作动画

为"结尾页"演示文稿（素材\第7章\实验三\结尾页.pptx）中的对象制作动画，参考效果如图7-45所示（效果\第7章\实验三\结尾页.pptx），要求如下。

微课：为"结尾页"演示文稿制作动画的具体操作

（1）该演示文稿主要包括4个动画：英文字符的动画、虚线框的两个动画和文字的动画。

（2）设置英文字符的动画为"强调-脉冲"，开始时间为"上一动画之后"，持续时间为"00.50"，动画声音为"鼓掌"；设置虚线框的一个动画为"进入-基本缩放"，开始时间为"与上一动画同时"，持续时间为"00.40"；设置虚线框的另一个动画为"退出-淡入"，开始时间为"与上一动画同时"，持续时间为"00.40"。

（3）为小的虚线框设置"进入-缩放"和"退出-淡入"动画，两个虚线框共4个动画效果，且延迟时间不同。可以参考效果文件进行设置，也可以自行设置。

（4）为虚线框中的文字设置"进入 - 缩放"动画，开始时间为"与上一动画同时"，持续时间为"00.30"，同样需要自行设置延迟时间。

（5）用同样的方法，为另外 3 个文本和虚线框的组合设置动画。

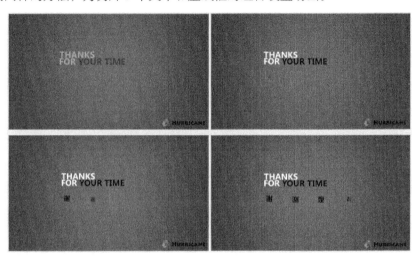

图 7-45　"结尾页"演示文稿动画参考效果

实验四　PPT与其他软件的协同工作和输出设置

（一）实验学时

2 学时。

（二）实验目的

◇　掌握 PowerPoint 与其他组件协同工作的方法。

◇　掌握放映演示文稿的方法。

◇　掌握输出演示文稿的方法。

（三）相关知识

1．PPT 放映设置

在 PowerPoint 中，放映演示文稿时可以设置不同的放映方式，如演讲者控制放映、观众自行浏览或演示文稿自动循环放映，还可以隐藏不需要放映的幻灯片和录制旁白等，以满足不同场合的放映需求。

（1）设置放映方式。设置幻灯片的放映方式主要包括设置放映类型、设置放映选项、设置放映幻灯片的数量和设置换片方式等。

（2）自定义幻灯片放映。自定义幻灯片放映指有选择性地放映部分幻灯片，用户可以将需要放映的幻灯片另存再进行放映。

（3）隐藏幻灯片。可以在"幻灯片"窗格中选择需要隐藏的幻灯片；在"幻灯片放映"/"设置"组中单击"隐藏幻灯片"按钮，也可隐藏幻灯片，再次单击该按钮可将其重新显示。

（4）录制旁白。在"幻灯片放映"/"设置"组中单击"录制幻灯片演示"按钮，选择开始录制的起点后，打开"录制幻灯片演示"对话框，在其中选择要录制的内容后单击"开始录制"按钮，此时幻灯片开始放映并开始计时录音。

（5）设置排练计时。在"幻灯片放映"/"设置"组中单击"排练计时"按钮，进入放映排练状态，并放映界面左上角自动打开"录制"工具栏。开始放映幻灯片后，幻灯片在人工控制下不断进行切换，同时在"录制"工具栏中会进行计时，完成后弹出提示框确认是否保留排练计时，单击"是"按钮。

2. 放映幻灯片

在放映幻灯片的过程中，演讲者可以进行标记和定位等控制操作。

（1）放映幻灯片。幻灯片的放映包含开始放映和切换放映两种操作。开始放映的方法有从头开始放映、从当前幻灯片开始放映、单击"幻灯片放映"按钮放映 3 种；切换放映主要有切换到上一张幻灯片放映和切换到下一张幻灯片放映两种操作。

（2）放映过程中的控制。暂停放映可以直接按"S"键或"+"键，也可在需暂停的幻灯片中单击鼠标右键，在弹出的快捷菜单中选择"暂停"命令。此外，在右键快捷菜单中还可以选择"指针选项"命令，在其子菜单中选择"笔"或"荧光笔"命令，对幻灯片中的重要内容做标记。

（四）实验实施

1. 使用 Word/Excel/PPT 协同制作"公司年终汇报"演示文稿

使用 Office 的组件协同工作可增加演示文稿的美观性，提高工作效率。下面使用 Word/Excel/PPT 协同制作"公司年终汇报"演示文稿，具体操作如下。

微课：使用 Word/Excel/PPT 协同制作"公司年终汇报"演示文稿的具体操作

（1）粘贴对象。打开"公司年终汇报"演示文稿和"年终汇报草稿"文档（素材\第 7 章\实验四\公司年终汇报 .pptx、年终汇报草稿 .docx），复制"总经理致辞"下方的正文内容到第 3 张幻灯片中，在原格式的基础上增大字号；使用相同的方法，将"总体概括"和"明年计划"下方的正文内容分别复制到第 8 张、第 9 张幻灯片中，并进行调整。

（2）复制图表。打开"产品生产统计"工作簿（素材\第 7 章\实验四\产品生产统计 .xlsx），复制"生产质量"工作表中的图表到第 5 张幻灯片中，并粘贴为"图片（增强型图元文件）"格式，调整图片的位置和大小，效果如图 7-46 所示。

（3）链接对象。打开"产品生产统计"工作簿，将"生产状况"工作表中的数据复制到第 4 张幻灯片中，并粘贴为"Microsoft Excel 工作表对象"链接，效果如图 7-47 所示。

（4）插入已有对象。在第 6 张幻灯片中插入"产品销量统计"工作簿（素材\第 7 章\实验四\产品销量统计 .xlsx），调整对象大小使其完全显示，然后取消图表对象的填充色，最后显示主轴次要水平网格线，设置图表中文本的字体为"方正粗倩简体"，颜色为"黑色，文字 1"，效果如图 7-48 所示。

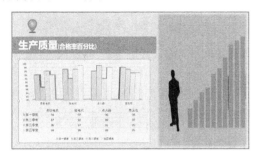

图7-46　复制图表

图7-47　链接对象

（5）插入新建对象。在第 7 张幻灯片中插入"Microsoft Excel 图表"对象，然后编辑表格数据。在表格中输入销售额数据，将"A1:D5"作为数据源创建柱形图，取消图表背景填充与边框，更改图表类型为"三维簇状柱形图"；最后将图表移至新工作表中并编辑图表，效果如图 7-49 所示（效果 \ 第 7 章 \ 实验四 \ 公司年终汇报 .pptx）。

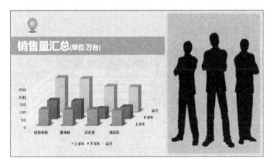

图7-48　插入已有对象

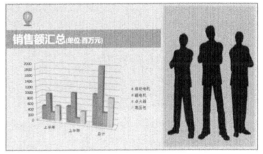

图7-49　插入新建对象

2. 放映"新品上市发布"演示文稿

放映演示文稿是每个 PPT 制作者必须掌握的操作。下面放映"新品上市发布"演示文稿，具体操作如下。

（1）设置排练计时。打开"新品上市发布"演示文稿（素材 \ 第 7 章 \ 实验四 \ 新品上市发布 .pptx），进入排练计时状态。当第 1 张幻灯片内容播放完后切换到下一张幻灯片，使用相同的方法录制其他幻灯片的放映时间，然后保存设置的排练计时，如图 7-50 所示。

微课：放映"新品上市发布"演示文稿的具体操作

（2）录制旁白。设置从当前幻灯片开始录制旁白，设置录制范围不包含幻灯片和动画计时，录制完成后按"Esc"键退出幻灯片录制状态，如图 7-51 所示。

（3）隐藏 / 显示幻灯片。隐藏第 10 ～ 24 张幻灯片，然后重新显示第 18 ～ 22 张幻灯片。

（4）设置放映方式。设置放映类型为"演讲者放映（全屏幕）"，放映选项为"循环放映，按 Esc 键终止"，放映范围为第 9 ～ 69 张幻灯片，切换方式为"如果出现计时，则使用它"，如图 7-52 所示。

（5）一般放映。先从第 52 张幻灯片处放映，然后从开始处放映。

（6）自定义放映。新建一个名为"手机新功能与特色介绍"的自定义放映方案，在其中添加第 9 ～ 54 张幻灯片，然后调整第 48 ～ 54 张幻灯片到最上方。

图7-50　设置排练计时

图7-51　录制旁白

（7）控制放映过程。当放映到第 40 张幻灯片时通过动作按钮切换到下一张幻灯片放映，然后再返回到第 1 张幻灯片放映。

（8）快速定位幻灯片。在放映演示文稿的过程中查看所有幻灯片，然后定位到第 43 张幻灯片，最后返回到第 1 张幻灯片放映。

（9）为幻灯片添加注释。启动笔功能，设置笔的颜色为"蓝色"，然后在幻灯片中标记下画线，在第 62 张幻灯片中使用"红色"的荧光笔标注重点内容，如图 7-53 所示。

图7-52　设置放映方式

图7-53　为幻灯片添加注释

（10）为幻灯片分节。为第 9 ～ 24 张幻灯片创建名为"外观介绍"的节，使用相同的方法创建其他节，并按照幻灯片的内容分别对其进行重命名，然后分别放映每节的内容（效果\第 7 章\实验四\新品上市发布 .pptx）。

3. 输出"读书计划"演示文稿

大学生多读书可以提升自己的内在品质与文学修养、增加更多的生活方式和增强社会责任感。下面就将制作好的"读书计划"演示文稿进行输出，具体操作如下。

（1）将演示文稿导出为图片。打开"读书计划"演示文稿（素材\第 7 章\实验四\读书计划 .pptx），将所有的幻灯片导出为"PNG 可移植网络图形格式"的图片，效果如图 7-54 所示（效果\第 7 章\实验四\读书计划）。

微课：输出"读书计划"演示文稿的具体操作

（2）将演示文稿导出为视频文件。文件名称保持默认，格式为".wmv 格式"（效果\第 7 章\实验四\读书计划 .wmv）。

（3）将演示文稿导出为 PDF 文件。文件名称保持默认，范围为全部，效果如图 7-55 所示

（效果 \ 第 7 章 \ 实验四 \ 读书计划 .pdf）。

图7-54　将演示文稿导出为图片

图7-55　将演示文稿导出为PDF文件

（4）将演示文稿打包成 CD。设置 CD 名称为"读书计划 CD"，然后导出（效果 \ 第 7 章 \
实验四 \ 读书计划 CD）。

（5）打印幻灯片。将所有的幻灯片整页打印一份，纵向打印备注页幻灯片，打印两张讲义
幻灯片。

（五）实验练习

1. 放映并打印"年度销售计划"演示文稿

打开"年度销售计划"演示文稿（素材 \ 第 7 章 \ 实验四 \ 年度销售计
划 .pptx），对其进行放映和打印，参考效果如图 7-56 所示（效果 \ 第 7 章 \ 实
验四 \ 年度销售计划 .pptx），要求如下。（销售额单位：万元。）

微课：放映并打
印"年度销售计
划"演示文稿的
具体操作

（1）将放映类型设置为"演讲者放映（全屏幕）"。

（2）从第 1 张幻灯片开始放映，并通过"查看所有幻灯片"方式跳转幻灯片。

（3）为第 4 张幻灯片中的"工作目标"添加紫色下划线，为第 5 张幻灯片
中的"销售增长率"添加蓝色圆圈注释。

（4）保存注释内容，退出放映。

（5）以每张纸打印两张幻灯片的方式，横向打印演示文稿。

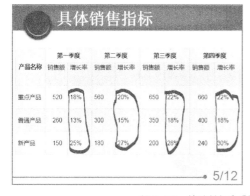

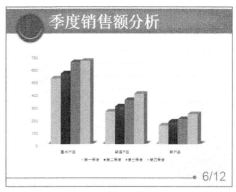

图7-56　放映并打印"年度销售计划"演示文稿

2. 制作"销售业绩报告"演示文档

下面利用所学的知识，制作"销售业绩报告"演示文稿，参考效果如图7-57所示，要求如下。

微课：制作"销售业绩报告"演示文档的具体操作

（1）主题颜色设计。蓝色较能体现商务风格并且蕴含着积极向上的含义，因此本例选择蓝色作为主题颜色。同时因为本例要体现公司的成长性，所以主题颜色采用浅蓝色。另外，可以搭配同色系的浅绿色和具有补色关系的红色作为辅助颜色。

（2）版式设计。可以考虑使用参考线，将幻灯片平均划分为左右两部分，再在4个边缘划分出一定区域。在上下两个区域添加一些辅助信息或徽标，上部边缘可以作为内容标题区域，下部边缘则放置公司徽标。

（3）文本设计。主要文本样式为"思源黑体"，颜色以蓝色和白色为主。英文字体与中文字体一致，制作起来比较方便。另外，标题页和结尾页使用其他文本样式，强调标题。

（4）形状设计。形状设计主要以绘制图形、制作图表为主，有些形状比较复杂，可以复制效果文件中的形状直接使用。

（5）幻灯片设计。除标题和结尾页外，需要制作目录页和各小节的内容页（效果\第7章\实验四\销售业绩报告.pptx）。

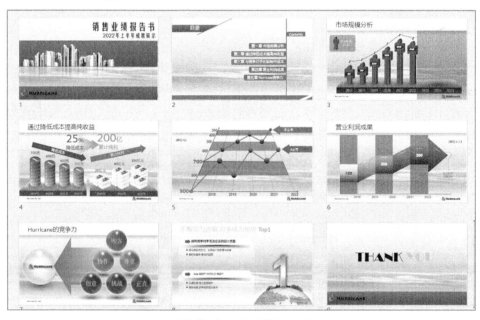

图7-57 制作"销售业绩报告"演示文稿参考效果

CHAPTER

第 **8** 章
多媒体技术及应用

8

　　主教材的第8章主要讲解了多媒体技术及应用。本章将介绍使用图像处理软件美图秀秀和使用视频处理软件快剪辑两个实验。通过这两个实验，学生可以了解图像处理软件和视频处理软件的相关操作，能够运用美图秀秀和快剪辑进行图像和视频处理。

实验一　使用图像处理软件美图秀秀

（一）实验学时

　　3 学时。

（二）实验目的

　　◇　掌握使用美图秀秀美化图片的方法。
　　◇　掌握使用美图秀秀拼图的方法。

（三）相关知识

1. 常见图片文件格式

　　美图秀秀可对多种格式的图片进行编辑和保存，下面分别介绍常见的图片文件格式。

　　（1）JPEG（*.jpg）格式。JPEG 是一种有损压缩格式，支持真彩色，生成的文件较小。JPEG 格式支持 CMYK、RGB、灰度等颜色模式，但不支持 Alpha 通道。在生成 JPEG 格式的文件时，可以通过设置压缩的程度，产生不同大小和质量的文件。压缩程度越大，图片文件就越小，图片质量就越差。

　　（2）GIF（*.gif）格式。GIF 格式的文件是 8 位图片文件，最多为 256 色，不支持 Alpha 通道。GIF 格式的文件较小，常用于网络传输，在网页上见到的图片大多是 GIF 和 JPEG 格式。GIF 格式与 JPEG 格式相比，GIF 格式的文件可以保存动画效果。

　　（3）PNG（*.png）格式。GIF 格式文件虽小，但在图像的颜色和质量上较差，而 PNG 格式可以使用无损压缩方式压缩文件，支持 24 位图像，产生的透明背景没有锯齿边缘，所以可以生成质量较好的图像效果。

（4）PSD（*.psd）格式。PSD 格式是由 Photoshop 软件自身生成的文件格式，是唯一支持全部图像色彩模式的格式。以 PSD 格式保存的图像可以包含图层、通道、色彩模式等信息。

（5）TIFF（*.tif、*.tiff）格式。TIFF 格式是一种无损压缩格式，便于在应用程序之间或计算机平台之间进行图像的数据交换。TIFF 格式支持带 Alpha 通道的 CMYK、RGB、灰度文件，支持不带 Alpha 通道的 Lab、索引颜色、位图文件。另外，它还支持 LZW 压缩。

（6）BMP（*.bmp）格式。BMP 格式用于选择当前图层的混合模式，使其与下面的图层进行混合。

（7）EPS（*.eps）格式。EPS 格式可以包含矢量图和位图，最大的优点在于可以在排版软件中以低分辨率预览，而在打印时以高分辨率输出。EPS 格式不支持 Alpha 通道，支持裁切路径，支持 Photoshop 所有的颜色模式，可用来存储矢量图和位图。在存储位图时，EPS 格式还可以将图像的白色像素设置为透明效果，并且在位图模式下也支持透明效果。

（8）PCX（*.pcx）格式。PCX 格式支持 1 ~ 24 位的图像，并可以用 RLE 的压缩方式保存文件。PCX 格式还支持 RGB、索引颜色、灰度、位图颜色模式，但不支持 Alpha 通道。

（9）PDF（*.pdf）格式。PDF 格式是 Adobe 公司开发的用于 Windows、Mac OS、UNIX、DOS 系统的一种文档格式，适用于不同平台。PDF 格式的文件可以存储多页信息，其中包含图形和文本的查找和导航功能。PDF 格式还支持超文本链接，因此是网络下载经常使用的文件格式。

（10）PICT（*.pct）格式。PICT 格式被广泛用于 Macintosh 图形和页面排版程序中，是作为应用程序间传递文件的中间文件格式。PICT 格式支持带一个 Alpha 通道的 RGB 文件和不带 Alpha 通道的索引文件、灰度、位图文件。PICT 格式在压缩具有大面积单色的图像方面非常有优势。

2. 位图、矢量图、分辨率

（1）位图。位图也称像素图或点阵图，是由多个像素点组成的。将位图尽量放大后，可以发现图像是由大量的正方形小块构成的，不同的小块具有不同的颜色和亮度。网页中的图像基本上以位图为主。

（2）矢量图。矢量图又称向量图，是以几何学进行内容运算、以向量方式记录的图像，以线条和色块为主。矢量图的图像效果与分辨率无关，无论将矢量图放大多少倍，图像都具有同样平滑的边缘和清晰的视觉效果，不会出现锯齿状的边缘。矢量图文件尺寸小，通常只占用少量空间。矢量图在任何分辨率下均可正常显示和打印，不会损失细节。因此，矢量图在标志设计、插图设计及工程绘图上占有很大的优势。其缺点是色彩简单，也不便于在各种软件之间进行转换使用。

（3）分辨率。分辨率指单位面积内的像素数量，通常用像素 / 英寸或像素 / 厘米表示。分辨率的高低直接影响位图图像的效果，单位面积内的像素越多，分辨率越高，图像就越清晰。分辨率过低会导致图像粗糙，在排版打印时图片会变得非常模糊；而较高的分辨率则会增加文件的大小，并降低图片的打印速度。

3. 图像处理的色彩搭配技巧

精妙的色彩搭配不但能够让画面更具亲和力和感染力，还能吸引观者持续观看。下面对色彩的属性与对比、色彩的搭配分别进行介绍。

（1）色彩的属性与对比

色彩由色相、明度及纯度3种属性构成。色相，即各类色彩的视觉感受；明度是眼睛对光源和物体表面的明暗程度的感觉，取决于光线的强弱；纯度也称饱和度，指对色彩鲜艳度与浑浊度的感受。在搭配色彩时，经常需要用到一些色彩的对比。下面对常用的色彩对比进行介绍。

① 明度对比。明度对比指利用色彩的明暗程度进行对比。恰当的明度对比可以产生光感、明快感、清晰感。通常情况下，明度对比较强时，可以使页面清晰、锐利，不容易出现误差；而当明度对比较弱时，配色效果往往不佳，页面会显得单薄、形象不够明朗。

② 纯度对比。纯度对比指利用纯度强弱形成对比。纯度较弱的对比画面视觉效果较弱，适合长时间查看；纯度适中的对比画面效果和谐、丰富，能够凸显画面的主次；纯度较强的对比画面鲜艳明朗、富有生机。

③ 色相对比。色相对比指利用色相之间的差别形成对比。进行色相对比时需要考虑其他色相与主色相之间的关系，如原色对比、间色对比、补色对比、邻近色对比，以及最后需要表现的效果。

④ 冷暖色对比。从颜色给人带来的感官刺激考量，黄、橙、红等颜色给人温暖、热情、奔放的感觉，属于暖色调；蓝、蓝绿、紫给人凉爽、寒冷、低调的感觉，属于冷色调。

⑤ 色彩面积对比。各种色彩在画面中所占面积的大小不同，所呈现出来的对比效果不同。

（2）色彩的搭配

色彩的搭配是一门技术，灵活运用搭配技巧能让画面更具感染力和亲和力。下面对不同色系应用的领域和搭配方法进行具体介绍。

① 白色系。白色称为全光色。在视觉设计中，白色会给人高级感和科技感，通常需要和其他颜色搭配使用。纯白色会带给人寒冷、严峻的感觉，所以在使用白色时会掺一些其他的色彩。另外，在同时运用几种色彩的画面中，白色和黑色可以说是最显眼的颜色。

② 黑色系。在图像设计中，黑色会给人高贵、稳重、科技的感觉，许多科技产品的用色大多采用黑色，如电视、摄影机、音箱等。黑色还给人庄严的感觉，也常用在一些特殊场合的空间设计。黑色的色彩搭配适应性非常强，无论什么颜色与黑色搭配，都能取得鲜明、华丽、赏心悦目的效果。

③ 绿色系。绿色通常给人健康的感觉，所以也经常用于与健康相关的图像设计。搭配使用绿色和白色可以呈现出自然的感觉，搭配使用绿色和红色可以呈现出鲜明且丰富的感觉。同时，一些色彩专家和医疗专家提出，绿色可以适当缓解眼部疲劳，属于耐看色。

④ 蓝色系。高纯度的蓝色会营造出一种整洁轻快的感觉，低纯度的蓝色会给人一种都市现代派的感觉。蓝色和绿色、白色的搭配在现实生活中随处可见。主颜色选择明亮的蓝色，配以白色的背景和灰色系的辅助色，可以使画面干净简洁，给人庄重、充实的感觉。蓝色与浅绿色、白色的搭配可以使页面看起来非常干净清澈。

⑤ 红色系。红色是强有力、喜庆的色彩，具有刺激效果，容易使人产生冲动，给人愤怒、热情、有活力的感觉。在图像设计中，红色常用来突出强调，因为鲜明的红色极易吸引人们的目

光。高亮度的红色通过与灰色、黑色等无彩色搭配使用，可以给人现代且激进的感觉；低亮度的红色易营造出古典的氛围。

（四）实验实施

1. 美化"校园风景"系列图片

学校是大学生学习知识文化、掌握生存技能、培养优秀品质、濡染精神气韵的地方。下面使用美图秀秀美化"校园风景"系列图片，具体操作如下。

微课：美化"校园风景"系列图片的具体操作

（1）打开图片。启动美图秀秀，打开"花 1"图片（素材\第 8 章\实验一\校园风景\花 1.jpg）。

（2）自动美化图片。在美图秀秀操作界面的"美化图片"选项卡中，单击左侧"智能优化"栏中的"智能优化"按钮，美图秀秀将自动对图片进行优化。

（3）设置智能优化方式。在左侧的列表框中单击"静物"按钮，再次对图片进行优化，效果如图 8-1 所示。

图 8-1　设置智能优化方式

（4）对比美化前后的图片。单击"应用当前效果"按钮，返回美图秀秀操作界面，单击右下角的"对比"按钮，查看图片美化前后的对比效果，如图 8-2 所示。

（5）保存图片。单击右上角的"保存"按钮，打开"保存"对话框，设置保存的路径、文件名、格式和画质，单击"保存"按钮，保存美化后的图片。

（6）继续美化图片。用同样的方法美化"花 2"图片（素材\第 8 章\实验一\校园风景\花 2.jpg），以及"校园 1 ~ 4"图片（素材\第 8 章\实验一\校园风景\校园 1.jpg ~ 校园 4.jpg），不同之处是在设置"校园 1 ~ 4"图片的智能优化方式时，在左侧的列表框中单击"风景"按钮。完成所有操作后，保存这些图片（效果\第 8 章\实验一\花 1.jpg ~ 花 2.jpg、校园 1.jpg ~ 校园 4.jpg）。

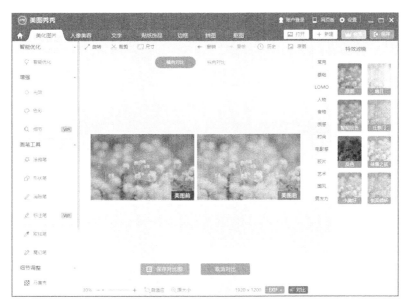

图8-2　对比美化前后的图片

2. 设计"校园风景"海报图片

下面使用美图秀秀的拼图功能，将美化后的图片拼接设计为"校园风景"海报图片，具体操作如下。

（1）进入拼图模式。启动美图秀秀，单击"拼图"选项卡，打开"花 1"图片（素材 \ 第 8 章 \ 实验一 \ 校园风景（美化后）\ 花 1.jpg）。

（2）选择拼图方式。在操作界面左侧的列表框中单击"自由拼图"按钮。

（3）设置图片背景。在左侧列表框的"背景设置"栏中单击"图片背景"按钮，在右侧的列表框中选择一种图片背景样式，如图 8-3 所示。

微课：设计"校园风景"海报图片的具体操作

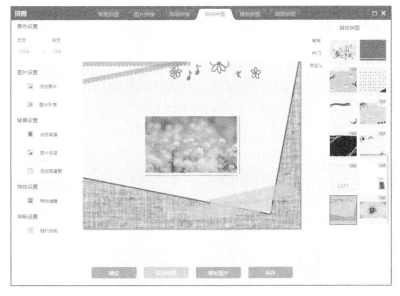

图8-3　设置图片背景

（4）添加图片。在左侧列表框的"图片设置"栏中单击"添加图片"按钮，将另外5张美化后的图片添加到拼接图片中（素材\第8章\实验一\校园风景（美化后）\花2.jpg、校园1.jpg～校园4.jpg）。

（5）图片排版。在左侧列表框的"排版设置"栏中单击"随机排版"按钮，将添加的所有图片进行随机排列，也可以通过拖动的方式排列，效果如图8-4所示。

图8-4　图片排版

（6）插入文字。返回美图秀秀的操作界面，单击"文字"选项卡，然后选择一种"会话气泡"样式，将其插入图片中并拖动到左下角。

（7）设置文字。在打开的"编辑"对话框中输入文本"校园风景"，并设置文本字体为"站酷快乐体"，然后单击"确定"按钮，如图8-5所示。

图8-5　插入并设置文字

（8）保存图片。将设计好的图片以"校园风景"为名进行保存（效果\第8章\实验一\校园风景 .jpg）。

（五）实验练习

1. 设计"世界环境日"海报图片

利用素材图片为世界环境日设计海报，参考效果如图 8-6 所示，要求如下。

（1）旋转图片。调整素材图片（素材\第8章\实验一\海报素材 .jpg）的方向。

微课：设计"世界环境日"海报图片的具体操作

（2）调整色彩。调整素材图片的色彩，提高饱和度和色温。

（3）美化图片。利用"晴日"滤镜美化图片，使其具有秋天的色彩。

（4）设置边框。选择一种炫彩边框。

（5）输入文字。选择一种会话气泡并输入文本，文本样式为"站酷小薇 LOGO 体，绿色"（效果\第8章\实验一\世界环境日海报 .jpg）。

2. 设计"低碳出行"宣传画

低碳出行是一种低碳生活方式，既可以节约能源、提高能效、减少污染，又益于健康、缓解城市交通压力，可成为当今社会可持续发展的重要策略之一。下面利用素材图片设计低碳出行的宣传画，参考效果如图 8-7 所示，要求如下。

微课：设计"低碳出行"宣传画的具体操作

（1）九格切图。打开素材图片（素材\第8章\实验一\宣传画素材 .jpg），在美图秀秀的扩展功能中选择"九格切图"功能。

（2）设置切图样式。将九格切图的画笔形状设置为"圆角矩形"，特效设置为"素描"。

（3）保存图片。将设置好的九格切图保存为单张图片。

（4）输入文字。在美图秀秀中打开刚才保存的图片，输入文字"低碳"和"出行"，文本样式为"文道潮黑，40，白色"（效果\第8章\实验一\低碳出行宣传画 .jpg）。

（5）保存图片。再次保存图片时，需要覆盖原图。

图 8-6 "世界环境日"海报参考效果

图 8-7 "低碳出行"宣传画参考效果

实验二　使用视频处理软件快剪辑

（一）实验学时

2 学时。

（二）实验目的

◇　掌握快剪辑的相关操作。

◇　掌握剪辑视频的方法。

（三）相关知识

1．视频处理的常用软件

视频的处理工作对视频最终成片的效果有非常大的影响，因此，在制作视频时，应选择一些既能够提升视频质量，并能制作出多种创意效果的视频处理软件。下面将介绍两款除快剪辑外，常用的视频处理软件。

（1）会声会影

会声会影是 Coored 公司开发的一款功能强大的视频处理软件，具有图像抓取和编辑功能，可以抓取并实时记录抓取画面，并提供 100 多种功能与效果，可导出多种常见的视频格式，或 MOV 透明格式。此外，会声会影支持无缝转场和变形过渡，自带 2000 多种特效、转场、标题及样本，还具备 LUT 一键调色和多机位编辑功能。

会声会影将专业视频剪辑软件中的许多复杂操作简化为几个功能模块，使整个软件界面简洁易懂，非常适合有一定视频制作基础的用户使用。用户只需按照软件向导式的菜单顺序操作，便可轻松完成从视频素材的导入、编辑到导出等一系列复杂过程。除了应用在专业级的影视视频处理领域外，会声会影几乎能满足短视频处理的各种需求，以简单易用、功能丰富的特点赢得了很多短视频达人和团队的青睐，在短视频制作领域的使用率较高。

（2）Premiere

Premiere 简称 Pr，是由 Adobe 公司开发并推出的一款视频处理软件，被广泛运用于电视节目、广告和短视频等视频处理制作中，适合电影制作人、电视节目制作人、新闻记者、学生和专业视频制作人员使用。Premiere 囊括了采集、剪辑、调色、美化音频、字幕添加、输出等一整套视频处理流程，而且还能与 Adobe 系列的其他软件配合使用。

在进行视频处理的过程中，Premiere 能够提升视频剪辑的创作自由度，而且可以调节非常细致的参数，导出各种格式的高质量视频，这是很多视频处理软件所无法实现的。Premiere 虽然是一款专业级的视频处理软件，但其操作难度不高，是一款易学、高效的视频处理软件。

2．视频处理的常用剪辑方式

剪辑就是将多个视频画面进行连接，而在连接过程中通常需要合理使用一些剪辑手法来改变视频画面的视角，推动视频内容向目标方向发展，让视频更加精彩。

（1）标准剪辑。标准剪辑是视频处理中最常用的剪辑手法，基本操作是将视频素材按照时间顺序进行拼接组合，制作成最终的视频。大部分没有剧情，且只是按照简单时间顺序拍摄的视频，都可以采用标准剪辑手法进行剪辑。

（2）J Cut。J Cut 是一种声音先入的剪辑手法，是指下一视频画面中的音效在画面出现前响起，以达到一种"未见其人先闻其声"的效果，适合给视频画面引入新元素时使用。J Cut 剪辑手法通常不容易被观众发现，但其实经常被使用。例如，很多涉及风景的视频中，在风景的视频画面出现之前，会先响起山中小溪的潺潺流水声，使观众先在脑海中想象出小溪的画面。

（3）L Cut。L Cut 是一种上一视频画面的音效一直延续到下一视频画面的剪辑手法，这种剪辑手法在视频处理中很常用。例如，在很多电视或电影中，上一画面中男主角向女主角说着情话，下一画面中女主角脸上露出幸福的表情，而男主角的声音仍在延续。

（4）匹配剪辑。匹配剪辑连接的两个视频画面通常动作一致，或构图一致。匹配剪辑经常用于制作视频画面的转场，因为影像有跳跃的动感，可以从一个场景跳到另一个场景，从视觉上就会形成酷炫转场的效果。简单来说，匹配剪辑就是让两个相邻的视频画面中主要拍摄对象不变，但场景发生切换。例如，要展示某人去过很多地方的视频，就可以以这个人为拍摄对象，转换不同的环境，采用匹配剪辑的手段来处理视频画面。

（5）跳跃剪辑。跳跃剪辑可对同一镜头进行剪辑，也就是两个视频画面中的场景不变，但其他事物发生变化，其剪辑逻辑与匹配剪辑正好相反。跳跃剪辑通常用来表现时间的流逝，也可以用于关键剧情的视频画面，以增强镜头的急迫感。例如，在展示鲜花盛开的视频中，可以采用跳跃剪辑手法将整个鲜花开放的过程浓缩成较短时间的视频。

（6）动作剪辑。动作剪辑是指视频画面在人物角色或拍摄主体仍在运动时进行切换的剪辑手法。需要注意的是，动作剪辑中的剪辑点不一定在动作完成之后，剪辑时可以根据人物动作施展方向设置剪辑点。例如，在一支展示年轻人努力奋斗的短视频中，前一视频画面中主角深夜加班认真工作，下一视频画面中主角在会议中陈述观点、获得认可。这样的画面组接运用的就是动作剪辑，效果简洁、流畅，同时可以增强视频的故事性和连贯性。

（7）交叉剪辑。交叉剪辑是指不同的两个场景来回切换的剪辑手法，通过频繁地来回切换画面来建立角色之间的交互关系。在影视剧中大多数打电话的镜头都使用的是交叉剪辑的手法。使用交叉剪辑能够提升视频的节奏感，增强内容的张力并制造悬念，使观众对视频内容产生兴趣。例如，剪辑一段主角做决定的视频画面时，可以在研究生录取通知书和某著名企业录取合同之间来回切换，表现主角纠结复杂的内心情感，并使观众对主角的最终选择产生好奇。

（8）蒙太奇。蒙太奇（Montage，法语，是音译的外来语）原本是建筑学术语言，意为构成、装配，后来被广泛用于电影行业，意思是"剪辑"。这里的蒙太奇是指在描述一个主题时，将一连串相关或不相关的视频画面组接一起，以产生暗喻的效果。例如，一部非常著名的电影为了表现出食物的美味，将食物与吃了该食物后穿上裙子和纱衣，在沙滩上舞蹈和嬉戏的主角的视频画面组接在一起，既有喜剧效果，又表现了该食物美味得让人疯狂的主题，这就是蒙太奇剪辑手法。

（四）实验实施

1. 制作"产品介绍"宣传视频

在线上营销中常用到产品的宣传视频，以简洁明了地介绍产品。下面就利用快剪辑的快速模式制作一支有关猫粮的"产品介绍"宣传视频，具体操作如下。

微课：制作"产品介绍"宣传视频的具体操作

（1）进入快速模式界面。启动快剪辑，在编辑区单击"快速模式"选项卡，进入视频处理的快速模式界面。

（2）导入视频。在操作界面右侧素材区的"添加剪辑"选项卡中单击"本地视频"按钮，打开"打开"对话框，选择需要剪辑的视频素材（素材\第8章\实验二\产品介绍\1.mp4 ~ 4.mp4），然后单击"打开"按钮，将这些视频导入到素材区中。

（3）添加视频素材。按顺序将视频素材从素材区拖到编辑区中，如图 8-8 所示。

图 8-8　添加视频素材

（4）编辑视频。在编辑区中，单击"4.mp4"视频素材右上角的"编辑"按钮，打开"编辑视频片段"对话框，单击"基础设置"按钮，在视频下面的编辑栏中拖动进度条两侧的滑块来裁剪视频。这里设置起始时间为"00:12.32"，时长为"00:10.04"，然后单击选中"素材静音"复选框，单击"完成"按钮，如图 8-9 所示。

（5）消除原音。用同样的方法编辑其他 3 个视频素材，将其原音消除。

（6）添加和编辑字幕。打开"1.mp4"视频素材的"编辑视频片段"对话框，单击"特效字幕"按钮，在右侧的列表框中选择一种字幕样式，单击其右侧的"添加"按钮，将字幕添加到视频中，调整字幕的位置和大小。在下面的编辑区中拖动字幕条两端的滑块，使其与视频的播放时间相同，单击"完成"按钮，如图 8-10 所示。用同样的方法为其他 3 个视频素材添加字幕，内容相同，位置不同。

（7）添加和编辑背景音乐。返回操作界面，单击右下角的"编辑声音"按钮，在右侧声音列表框中选择一段背景音乐，单击右侧的"使用"按钮，然后在左下角的声音设置区中，将音量设置为"60%"，将声音格式设置为"声音淡入、声音淡出"，如图 8-11 所示。

图8-9　编辑视频

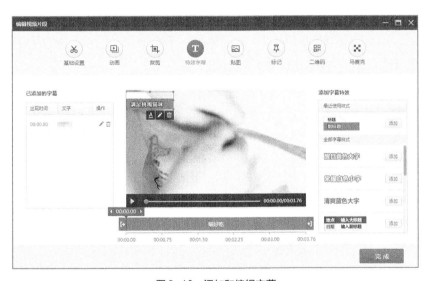

图8-10　添加和编辑字幕

图8-11　添加和编辑背景音乐

（8）导出视频。单击"保存导出"按钮，在打开的界面中设置保存路径、文件名称和格式等，设置特效片头为"无片头"。单击"开始导出"按钮，然后在打开的"填写视频信息"对话框中输入和设置视频的标题、简介和标签等，并选择一幅画面作为视频封面，单击"下一步"按钮，快剪辑开始导出剪辑的视频，最后预览视频效果，单击"完成"按钮，完成视频的制作（效果\第8章\实验二\产品介绍.mp4）。

2. 制作"不忘初心"视频

大学毕业意味着新的起点和新的方向，大学生需要不忘初心，砥砺前行，从这一刻起飞向更辽阔的远方。下面就依此制作一支毕业视频，具体操作如下。

微课：制作"不忘初心"视频的具体操作

（1）进入专业模式界面。启动快剪辑，在编辑区单击"专业模式"选项卡，进入视频处理的专业模式界面。

（2）导入视频。在操作界面右侧素材区的"添加剪辑"选项卡中单击"本地视频"按钮，打开"打开"对话框，选择需要剪辑的视频素材（素材\第8章\实验二\不忘初心\1.mp4～5.mp4），然后单击"打开"按钮，将这些视频导入素材区中。

（3）分割视频素材。将"3.mp4"视频素材从素材区拖动到编辑区中，选择该视频素材，在左上角的数值框中输入裁剪视频的起始时间为"00:14.00"，按"Enter"键将时间指针定位到起始时间位置，在编辑区右上角单击"分割"按钮✂，如图8-12所示。

图8-12 分割视频素材

（4）裁剪视频素材。选择时间指针左侧的分割片段，单击"删除"按钮🗑，打开"请确认"提示框，询问是否删除该片段，单击"确定"按钮，如图8-13所示，将选择的视频片段删除。

（5）继续分割和裁剪视频素材。用同样的方法设置起始时间为"00:10.00"、结束时间为"01:20.00"，将这段视频分割和裁剪掉；然后设置起始时间为"00:15.00"、结束时间为"00:45.00"，将这段视频分割和裁剪掉。"3.mp4"视频素材最后被分割成3个短视频，时长共计"00:20.00"。

图8-13　裁剪视频素材

（6）继续分割和裁剪其他视频素材。将"1.mp4"视频素材从素材区拖到编辑区中，用同样的方法设置起始时间为"00:20.00"、结束时间为"00:26.00"，将这段视频分割后裁剪掉多余的视频，保留的视频素材时长为"00:06.00"；用同样的方法将"2.mp4"视频素材起始时间设置为"00:26.00"、结束时间设置为"00:32.00"，分割后裁剪掉多余的视频，保留的视频素材时长为"00:06.00"；用同样的方法将"4.mp4"视频素材起始时间设置为"00:33.00"、结束时间设置为"00:39.00"，分割后裁剪掉多余的视频，保留的视频素材时长为"00:06.00"；用同样的方法将"5.mp4"视频素材起始时间设置为"00:38.00"、结束时间设置为"00:44.00"，分割后裁剪掉多余的视频，保留的视频素材时长为"00:06.00"。

（7）完成视频素材的裁剪。完成裁剪后，编辑区中保留了7个短视频，时长共计"00:44.00"，如图8-14所示。

图8-14　裁剪完的视频素材效果

（8）消除原音。在编辑区的视频编辑条左侧单击"音量"按钮，在弹出的音量调节栏中单击选中"静音"复选框，消除视频素材的原音。

（9）添加背景音乐。在素材区中单击"添加音乐"选项卡，单击"本地音乐"按钮，打开"打开"对话框，在其中选择两个音乐素材（素材\第8章\实验二\不忘初心\1.mp3、2.mp3），将其添加到素材区中，然后在素材区中"1.mp3"选项右侧单击"添加"按钮╋，将音乐添加到编辑区中，并用同样的方法将"2.mp3"添加到编辑区中。

（10）调整背景音乐。在编辑区中选择"1.mp3"音乐素材，单击"音量"按钮♫，在弹出的列表中拖动滑块，设置音量为"50%"，单击选中"淡入淡出"复选框，如图 8-15 所示。用同样的方法为"2.mp3"音乐素材设置"淡入淡出"效果。

图 8-15　添加和调整背景音乐

（11）添加字幕。在素材区中单击"添加字幕"选项卡，然后单击"VLOG"选项卡，在下面的列表框中选择一种字幕样式。单击右上角的"添加"按钮╋，打开"字幕设置"对话框，先在预览栏中拖动文本框到右上角的位置，在文本框中输入标题"不忘初心"，并拖动文本框四周的控制点，适当调整文本框的大小，单击"保存"按钮。用同样的方法添加一个日期的字幕。

（12）设置字幕时长。在编辑区中可以看到添加的两个字幕素材，拖动两个字幕素材两侧的滑块可以调整字幕时长，这里将日期字幕设置为从"00:00.00"开始到"00:06.00"结束，标题字幕从"00:02.00"开始到"00:10.00"结束，效果如图 8-16 所示。

（13）继续添加和设置字幕。将时间指针移动到第 2 个视频素材中，用同样的方法添加一种字幕样式，输入"你一直坚持的初心，"，调整字幕时长与这个视频素材相同；用同样的方法为第 3、4、5、6、7 个视频素材添加字幕，内容分别为"它还在吗？""曾经攀登高山……""曾经跨越大海……""直到看见自己！""不忘初心，砥砺前行！毕业快乐！"，效果如图 8-17 所示。

（14）导出视频。单击"保存导出"按钮，在打开的界面中设置保存路径、文件名称和格式等，设置特效片头为"影视"，标题为"不忘初心"，作者为"平凡的世界"。单击"开始导出"按钮，然后在打开的"填写视频信息"对话框中输入和设置视频的标题、简介和标签等，并选择一幅画面作为视频封面。单击"下一步"按钮，快剪辑开始导出剪辑的视频，最后预览视频效果，单击"完成"按钮，完成视频的制作（效果 \ 第 8 章 \ 实验二 \ 不忘初心 .mp4）。

图 8-16　添加和设置字幕

图 8-17　继续添加和设置字幕

（五）实验练习

1. 制作"四季之美"视频

使用快剪辑的快速模式，制作"四季之美"旅游宣传视频，参考效果如图 8-18 所示，要求如下。

微课：制作"四季之美"视频的具体操作

（1）将素材视频（素材＼第8章＼实验二＼四季之美＼）全部导入快剪辑中，并进行裁剪，"2.mp4""3.mp4""4.mp4"视频素材都保留前面"00:10.00"左右时长。

（2）在所有视频素材中添加特效文字，并将特效文字放置在视频画面正下方，每个视频素材都添加两个特效文字，一前一后，从视频开始到结束。

（3）将"1.mp3"音频素材添加到视频中，设置为"淡入淡出"效果。

（4）导出视频，设置特效片头为"无片头"，其他保持默认设置（效果＼第8章＼实验二＼四季之美.mp4）。

2. 制作"美食宣传"手机短视频

使用快剪辑的专业模式，制作"美食宣传"手机短视频，参考效果如图 8-19 所示，要求如下。

（1）进入快剪辑的专业模式，将素材视频（素材＼第8章＼实验二＼美食宣传＼）全部导入快剪辑中并按顺序进行剪辑，将"4.mp4""6.mp4"视频素材进行调速，播放速度设置为"0.50X"。

微课：制作"美食宣传"手机短视频的具体操作

（2）在快剪辑自带的音乐库中选择一首舒缓的音乐添加到视频中，时长与视频素材相同，并设置"82%"的音量和"淡入淡出"效果。

（3）为不同的视频素材添加字幕，字幕样式为资讯类的"弹簧打字机、白色字体"，字幕内容可以参考最终效果（效果＼第8章＼实验二＼美食宣传.mp4）。

（4）为所有视频素材添加美食类的"清爽柠檬"滤镜。

（5）为视频设置黑底白字的视频标题，并设置片尾。

图 8-18 "四季之美"视频参考效果　　　　图 8-19 "美食宣传"手机短视频参考效果

第 9 章
信息检索

主教材的第9章主要讲解了信息检索的相关知识。本章将介绍使用搜索引擎搜索网络资源和搜索专业信息两个实验。通过这两个实验，学生可以掌握利用网络搜索各种信息的方法，能利用搜索引擎搜索日常和专业所需的信息。

实验一　使用搜索引擎搜索网络资源

（一）实验学时

2 学时。

（二）实验目的

◇　掌握搜索引擎的使用方法。
◇　掌握搜索引擎的高级查询功能。
◇　掌握应用高级语法搜索的方法。

（三）相关知识

1. 搜索引擎

搜索引擎是根据一定的策略，运用特定的计算机程序从 Internet 上搜集所需的信息，对信息进行组织和处理后，为用户提供检索服务，并将检索的相关结果展示给用户的系统。对普通用户来说，搜索引擎会提供一个包含搜索文本框的页面，用户在搜索文本框中输入的要查询的内容通过浏览器提交给搜索引擎，搜索引擎将根据用户输入的内容返回相关内容的信息列表。搜索引擎一般由搜索器、索引器、检索器和用户接口组成。

2. 高级语法搜索

为了更精确地获取搜索目标，一些搜索引擎还支持高级语法搜索，如将搜索范围限定在特定的网页或网站、限定搜索结果的文件格式等。

（1）使用 intitle 指令可以查询到在页面标题（title 标签）中包含指定关键词的页面数量，

其格式为：

"intitle" + 半角冒号 ":" + 关键词。

（2）使用 site 指令可以查询到某个域名被该搜索引擎收录的页面数量，其格式为：

"site" + 半角冒号 ":" + 网站域名。

（3）使用 inurl 指令可以查询到 URL 中包含指定文本的页面数量，其格式为：

"inurl" + 半角冒号 ":" + 指定文本；

"inurl" + 半角冒号 ":" + 指定文本 + 空格 + 关键词。

3. 搜索技巧

要在海量的网络资源中精确查找所需的信息，应先根据需求选择拥有相应功能优势的搜索引擎，然后使用相应的搜索技巧。下面介绍几种基本的搜索技巧。

（1）使用多个关键词。单一关键词的搜索效果总是不太令人满意，一般使用多个关键词搜索的效果更好，但应避免使用大而空的关键词。

（2）改进搜索关键词。有些用户搜索一次后，若没有返回自己想要的结果便会放弃继续搜索。其实经过一次搜索后，通常返回的结果中会有一些有价值的内容。因此用户可先设计一个关键词进行搜索，若搜索结果中没有满意的结果，可从搜索结果页面寻找相关信息，然后设计一个或多个更精准的关键词进行搜索。这样重复搜索后，即可得到较满意的搜索结果。

（3）使用自然语言搜索。进行搜索时，与其输入不合语法的关键词，不如输入一句自然的提问，如输入"搜索技巧"的效果就不如输入"如何提高搜索技巧？"的效果好。

（4）小心使用布尔逻辑运算符。大多数搜索引擎允许使用布尔逻辑运算符（AND、OR、NOT）限定搜索范围，使搜索结果更精确。但布尔逻辑运算符在不同搜索引擎中的使用方法略有不同，且使用布尔逻辑运算符时，可能会忽略许多其他影响因素。因此使用布尔逻辑运算符前应该明确在该搜索引擎中是如何使用布尔逻辑运算符的，以确定不会用错，否则最好不要使用。

（5）分析并判断搜索结果。要准确地获取所需的信息，除了设计合理的搜索请求外，还应对搜索结果的标题和网址进行分析判断。某些网站为了特殊的目的，用热门的信息或资源引诱用户点击，但会在页面中植入广告或病毒。因此学会对搜索结果进行甄别，选择准确可信的搜索结果非常重要。建议选择官网或信誉好的门户网站。评估网络内容的质量和权威性是搜索者必须掌握的技巧。

（6）培养适合自己的搜索习惯。搜索技能也是一项需要通过大量实践来锻炼的技能。用户应多多练习，学会思考、学会总结，培养适合自己的高效的搜索习惯，从而提升搜索能力。

（四）实验实施

1. 使用搜索引擎的基本查询功能

某大学要举办以"做有担当的新时代青年"为主题的演讲活动，该活动让广大学生认识到自己承担的时代与历史重任，呼吁学生勇于担当，不负人民期待与时代重托，展现青春风采。下面将在百度中搜索半年内发布的包含"做有

微课：使用搜索引擎的基本查询功能的具体操作

担当的新时代青年"关键词的 Word 文档,作为演讲稿的素材和参考资料,具体操作如下。

(1)搜索关键词。启动浏览器,在地址栏中输入百度的网址后,按"Enter"键进入百度首页,然后在中间的搜索框中输入要查询的关键词"做有担当的新时代青年",最后按"Enter"键或单击"百度一下"按钮。

(2)选择搜索工具。在搜索结果页面中单击搜索框下方的"搜索工具"按钮,如图 9-1 所示。

图9-1 选择搜索工具

(3)设置检索数据库。显示出搜索工具后,单击"站点内检索"按钮,在打开的搜索文本框中输入百度的网址,单击"确认"按钮,搜索引擎将返回百度网站中的搜索结果页面,如图 9-2 所示。

图9-2 设置检索数据库

(4)设置检索的文件类型。在搜索工具中单击"所有网页和文件"按钮,在打开的下拉列表框中选择"微软 Word(.doc)"选项,搜索结果页面如图 9-3 所示。

图9-3 设置检索的文件类型

（5）设置检索时间。在搜索工具中单击"时间不限"按钮，在打开的下拉列表框的"自定义"栏中设置检索时间，这里设置时间跨度为半年，最终搜索结果为百度网站中半年内发布的包含"做有担当的新时代青年"关键词的所有 Word 文档，如图 9-4 所示。

图9-4　设置检索时间

2. 使用搜索引擎的高级查询功能

使用百度的高级查询功能搜索高职院校的大学生素质教育中心理健康教育的相关知识，具体操作如下。

（1）启用高级查询功能。打开百度首页，将鼠标指针移至右上角的"设置"超链接上，在弹出的下拉列表框中选择"高级搜索"选项。

（2）设置高级查询。打开"高级搜索"选项卡，在"包含全部关键词"文本框中输入"心理健康教育"文本，在"包含完整关键词"文本框中输入"大学生 高职"文本，在"包含任意关键词"文本框中输入"素质教育"文本，在"不包括关键词"文本框中输入"中学生 小学生 中职"文本，单击"高级搜索"按钮完成搜索，如图 9-5 所示。

微课：使用搜索引擎的高级查询功能的具体操作

图9-5　搜索引擎的高级查询功能

3. 使用搜索引擎的指令查询功能

在百度中查询所有 URL 中包含"大学"文本的页面，以及 URL 中包含"大学"文本同时页面的关键词为"素质教育"的页面，具体操作如下。

（1）使用"inurl"指令查询。打开百度网站，在中间的搜索框中输入"inurl: 大学"文本，按"Enter"键得到查询结果，在其中可以看到每个页面的网址中都包含"大学"文本，如图 9-6 所示。

（2）在"inurl"指令中添加关键词。删除搜索框中的文本，重新输入"inurl: 大学 素质教育"文本，单击"百度一下"按钮得到查询结果，可以看到每个页面的网址中都包含"大学"文本，并且页面内容中还包含"素质教育"关键词，如图 9-7 所示。

微课：使用搜索引擎的指令查询功能的具体操作

图9-6　使用指令查询的结果

图9-7　添加关键词后的查询结果

（五）实验练习

1. 使用搜索引擎进行简单搜索

在百度中搜索"神舟十四号"的相关信息，参考效果如图 9-8 所示，要求如下。

（1）打开"百度"搜索引擎，在搜索文本框内输入文本"神舟十四号"，单击"百度一下"按钮。

（2）打开的网页中将显示与"神舟十四号"相关的各类信息，用户可根据

微课：使用搜索引擎进行简单搜索的具体操作

需要单击超链接查看信息。

图9-8　简单搜索的参考效果

2. 使用搜索引擎进行精确搜索

为了使搜索结果更精确，提高搜索效率，使用百度的高级查询功能搜索纯国产计算机硬件的相关信息，参考效果如图9-9所示，要求如下。

（1）打开百度，打开高级搜索功能。

（2）设置"包含全部关键词"为"国产计算机硬件"，"包含完整关键词"为"纯国产"，"包含任意关键词"为"新技术 电脑"，"不包括关键词"为"手机"。

微课：使用搜索引擎进行精确搜索的具体操作

图9-9　精确搜索的参考效果

实验二　搜索专业信息

（一）实验学时

2学时。

（二）实验目的

◇ 掌握检索学术信息的方法。

◇ 掌握检索学位论文的方法。

◇ 掌握检索期刊信息的方法。

◇ 掌握检索商标信息的方法。

◇ 掌握检索专利信息的方法。

◇ 掌握检索社交媒体的方法。

（三）相关知识

1. 检索学术信息

在互联网中有很多用于检索学术信息的网站，在其中可以检索到各种学术论文，这类网站主要有百度学术、万方数据知识服务平台（以下简称"万方数据"）、中国知网等。

2. 检索学位论文

学位论文是作者为了获得学位而提交的论文，其中的硕士论文和博士论文非常有价值。因为学位论文不像图书和期刊那样会公开出版，所以检索和获取较为困难。检索国内的学位论文的数据库平台主要有中国高等教育文献保障系统（China Academic Library & Information System，CALIS）的学位论文中心服务系统、万方中国学位论文数据库、中国知网的硕士与博士论文数据库等。

3. 检索期刊信息

期刊是指定期出版的刊物，包括周刊、旬刊、半月刊、月刊、季刊、半年刊、年刊等。"国内统一连续出版物号"的简称是"国内统一刊号"，即"CN"，它是我国新闻出版行政部门分配给连续出版物的代号；"国际标准连续出版物号"的简称是"国际刊号"，即"ISSN"。

4. 检索商标信息

商标是用来区别一个经营者的品牌或服务和其他经营者的品牌或服务的标记。为了保护自己的商标，企业需要经常检索商标信息。可以检索商标信息的网站包括世界知识产权组织的官网、各个国家的商标管理机构的网站，以及各种能提供商标信息的商业网站。

5. 检索专利信息

专利是指取得专利权的发明创造，为了避免专利侵权并对自己的专利进行保护，企业需要经常对专利信息进行检索。可以在世界知识产权组织（World Intellectual Property Organization，WIPO）的官网、各个国家的知识产权机构的官网（如我国的国家知识产权局官网、中国专利信息网）及各种提供专利信息的商业网站（如中国知网、万方数据等）进行专利信息检索。

6. 检索社交媒体

社交媒体（Social Media）是指互联网上基于用户关系的内容生产与交换平台，其传播的信息已成为人们浏览互联网的重要内容。通过社交媒体，人们彼此之间可以分享意见、看法、经验等。现在，国内主流的社交媒体有抖音、微信和微博等。

（四）实验实施

1. 检索"超导量子计算"的相关学术信息

量子计算是一种新型计算模式，以量子计算为基础的量子计算机可能是未来的主流计算机之一。下面，就在中国知网中检索"超导量子计算"的相关学术信息，具体操作如下。

（1）输入关键词。打开"中国知网"网站首页，在首页的搜索框中输入要检索的关键词"超导量子计算"，单击"搜索"按钮。

（2）查看检索结果。在打开的页面中可以看到检索结果，在每条结果中还可以看到相关学术信息的"题名""作者""来源""发表时间""数据库""被引"和"下载"等信息，如图9-10所示。

微课：检索"超导量子计算"的相关学术信息的具体操作

图9-10　查看在中国知网中检索的信息

（3）查看详细信息。单击要查看的某条信息的题名，即可打开该信息的详情页面，其中显示了更详细的信息，包括文章的目录和摘要等，如图9-11所示。

图9-11　查看详细信息

（4）查看信息内容。单击"</>HTML 阅读"按钮，直接在打开的页面中查看详细学术信息，也可进行下载或使用手机查看。

2．检索有关"电磁弹射"的学位论文

下面在中国高等教育文献保障系统中检索有关"电磁弹射"的学位论文，具体操作如下。

（1）选择地区。打开中国高等教育文献保障系统的网站，单击"中心站 切换站点"按钮，在弹出的列表框中选择检索信息的地区，这里选择北京地区。

（2）输入关键词。进入对应的文献信息服务中心页面，其中，显示了中心介绍和成员等信息，在搜索框中输入关键词"电磁弹射"，单击"搜索"按钮，如图 9-12 所示。

图9-12　输入关键词

（3）查看检索结果。打开的页面中将显示检索结果，包括相关内容的"类型""题名""出处""作者""年卷（期）""主题词""摘要"等信息，如图 9-13 所示。

图9-13　查看检索结果

（4）进行精确检索。在左侧的任务窗格中，在"出版年"栏中可以选择文章的出版时间，在"类型"栏中单击选中"学位论文"复选框，可以对检索的文章进行精确搜寻。

（5）打开学位论文的详情页面。在精确检索的结果中单击要查看的学位论文的题名，即可打开该学位论文的详情页面，查看更详细的信息，包括论文的"摘要""主题词""作者""学位授予单位"等信息，如图 9-14 所示。

图 9-14　打开学位论文的详情页面

（6）单击"借外馆纸书"或"文献传递"按钮，即可通过网络从图书馆借阅学术论文。

3. 检索"银河麒麟"商标信息

"银河麒麟"是一款国产操作系统。下面在"国家知识产权局商标局　中国商标网"中查询科学技术服务和计算机硬件、软件开发相关类别中，与"银河麒麟"相似的商标，具体操作如下。

微课：检索"银河麒麟"商标信息的具体操作

（1）选择查询内容。打开"国家知识产权局商标局　中国商标网"的网站首页，然后单击网页中间的"商标网上查询"超链接，如图 9-15 所示。

图 9-15　选择查询内容

（2）阅读使用说明。阅读使用说明，单击"我接受"按钮，如图 9-16 所示。

（3）选择商标查询的项目。打开"商标网上查询"页面，然后单击页面左侧的"商标近似查询"按钮，如图 9-17 所示。

图9-16 阅读使用说明　　　　　图9-17 选择商标查询的项目

（4）设置查询条件。打开"商标近似查询"页面，在"自动查询"选项卡中设置要查询商标的"国际分类""查询方式""商标名称"信息，然后单击"查询"按钮，如图9-18所示。

图9-18 设置查询条件

（5）查看查询结果。在打开的页面中可以看到查询结果，包括每个商标的"申请/注册号""申请日期""商标名称""申请人名称"等信息，如图9-19所示。

图9-19 查看查询结果

（6）单击申请/注册号或者商标名称即可在打开的页面中看到该商标的详细内容。

（五）实验练习

1. 检索学位论文

为某大学机械制造及其自动化专业的学生检索一些可用于确定毕业论文设计方向的学位论文，检索结果如图9-20所示，要求如下。

（1）打开万方数据的网页，在"资源导航"栏中单击"学位论文"按钮。

（2）打开相关学位论文数据库网页，选择"工学"专业类别，找到"机械工程"下的"机械制造及其自动化"类别。

（3）在打开的网页中可以查看检索结果。

微课：检索学位论文的具体操作

图9-20 检索学位论文

2. 检索专利信息

在国家知识产权局官网中检索有关"芯片"的专利信息，检索结果如图9-21所示，要求如下。

（1）打开国家知识产权局的官网，选择"服务"类别中的"政务服务平台"子类别。

（2）进入专利检索及分析系统，登录后在中国范围内检索"芯片"。

（3）在打开的页面中查看检索结果。

微课：检索专利信息的具体操作

图9-21 检索专利信息

第 **10** 章
信息安全与职业道德

主教材的第10章主要讲解了信息安全与职业道德的相关知识。为了让学生充分了解计算机中信息安全方面的知识，本章将以360安全卫士和360杀毒为例，详细介绍防护计算机和查杀计算机病毒的操作。通过本章的实验，学生可以更好地保障计算机的信息安全。

实验一 使用360安全卫士防护计算机

（一）实验学时

1 学时。

（二）实验目的

◇ 掌握升级 360 安全卫士的方法。

◇ 掌握使用 360 安全卫士防护计算机的方法。

（三）相关知识

木马病毒是一种伪装潜伏，等待时机成熟就出来危害计算机的计算机病毒。

（1）传播方式。木马病毒通过电子邮件附件发出，捆绑在其他程序中。

（2）病毒特性。木马病毒会修改注册表、驻留内存、在系统中安装后门程序、开机加载附带的木马病毒。

（3）木马病毒的破坏性。木马病毒一旦发作，就可设置后门，定时地发送该用户的隐私数据到木马病毒指定的地址；一般还会同时内置可进入该用户计算机的端口，并可任意控制此计算机，进行删除和复制文件改密码等操作。

（4）防范措施。用户需要提高警惕，上网时不要随意浏览不良网站，不要打开来历不明的电子邮件，不下载和安装未经过安全认证的软件。另外，在使用计算机的过程中，应该有较强的安全防护意识，例如，及时更新操作系统、备份硬盘的主引导区和分区表、定时给计算机做体检、定时扫描计算机中的文件并清除威胁等。

（四）实验实施

1. 升级 360 安全卫士

360 安全卫士是一款功能全面的安全防护软件。在使用之前，最好检测是否是最新版本，如果不是，需要对其进行升级，以应对最新的病毒。下面就检测并升级 360 安全卫士，具体操作如下。

微课：升级360安全卫士的具体操作

（1）检测新版本。双击桌面上的"360 安全卫士"图标，启动 360 安全卫士，在操作界面中单击左上角的"升级"按钮，打开"360 安全卫士 - 升级"对话框，检测是否存在新版本。

（2）升级 360 安全卫士。选择需要升级的版本，单击"升级"按钮，如图 10-1 所示，360 安全卫士将自动升级并安装最新版本。

图 10-1　升级 360 安全卫士

2. 使用 360 安全卫士防护计算机

使用 360 安全卫士防护计算机的操作包括查杀木马、清理计算机、修复漏洞和加速开机等。下面就使用 360 安全卫士防护计算机，具体操作如下。

微课：使用360安全卫士防护计算机的具体操作

（1）查杀木马。启动 360 安全卫士，单击"木马查杀"选项卡，进入查杀木马的操作界面，其中提供了全盘查杀、按位置查杀和系统急救箱等多项功能。这里直接单击"快速查杀"按钮，360 安全卫士将快速对计算机进行常规模式扫描，并查找计算机中存在的木马程序，然后将发现的木马程序显示在列表框中。用户只需要单击选中木马程序对应的复选框，单击"一键处理"按钮，如图 10-2 所示，360 安全卫士将自动处理该木马程序，然后弹出对话框，提示处理成功，并建议立即重新启动计算机来彻底完成木马查杀操作。单击"好的，立刻重启"按钮，重新启动计算机后完成木马查杀操作；也可以单击"稍后我自行重启"按钮，在完成其他维护计算机安全的操作后，通过一次重新启动计算机来完成所有需要重启计算机的操作。

图 10-2　查杀计算机中的木马程序

（2）清理计算机。单击"电脑清理"选项卡，进入清理计算机的操作界面，其中提供了清理垃圾、清理插件、清理痕迹和清理软件等多项功能。这里单击"一键清理"按钮，程序开始扫描并显示扫描进度，扫描完成后将显示各项需要清理的内容。除 360 安全卫士已经选择的清理内容外，用户还可以单击选中其他需要清理内容对应的复选框，然后单击"一键清理"按钮，如图 10-3 所示。此时 360 安全卫士会弹出"风险提示"对话框，提示具有风险的清理项，若确认全部清理，可单击"清理所有"按钮进行清理；若不清理风险项，可单击"不清理"或"仅清理无风险项"按钮。这里单击"仅清理无风险项"按钮。360 安全卫士自动开始清理选择的内容，稍后将提示清理完成的消息，单击"完成"按钮完成清理。

（3）修复漏洞。单击"系统修复"选项卡，进入修复系统的操作界面，其中提供了常规修复、漏洞修复、软件修复和驱动修复等多项功能。这里单击"漏洞修复"按钮，360 安全卫士将自动扫描计算机，检测其中是否存在系统漏洞，然后显示扫描结果。如果存在，将显示需要修复的选项，单击选中系统漏洞对应的复选框后，单击"一键修复"按钮，如图 10-4 所示。360 安全卫士将按顺序自动下载漏洞补丁程序，然后自动安装下载的漏洞补丁程序，并显示下载和安装的进度，安装完成后，360 安全卫士将提示已修复漏洞问题。最后单击"返回"按钮，返回 360 安全卫士的主界面。

图 10-3　清理计算机

图 10-4　修复漏洞

（4）加速开机。单击"优化加速"选项卡，进入优化加速的操作界面，其中提供了开机加速、软件加速、网络加速和性能加速等多项功能。这里单击"开机加速"按钮，如图 10-5 所示，360 安全卫士将自动扫描计算机，检测其中是否存在影响计算机开机速度的程序，然后显示扫描结果。如果存在，将显示可以优化的选项，单击"立即优化"按钮，360 安全卫士将自动优化该选项，以提升计算机的开机速度。

图 10-5　加速开机

（五）实验练习

使用 360 安全卫士保护计算机

在 360 安全卫士中执行相关操作，以确保计算机处于安全的操作环境，具体要求如下。

（1）对计算机进行体检，根据体检结果进行优化，然后清理计算机中的垃圾文件，释放硬盘空间。

（2）一键加速计算机，提升计算机的性能。

微课：使用 360 安全卫士保护计算机的具体操作

实验二　使用360杀毒查杀计算机病毒

（一）实验学时

1 学时。

（二）实验目的

◇　掌握使用 360 杀毒查杀计算机病毒的方法。

（三）相关知识

计算机病毒常见的表现形式有以下几种。

（1）可用磁盘空间迅速变小，计算机突然死机或重启。

（2）计算机突然播放一段音乐或显示怪异的图像。

（3）计算机经常显示一个对话框，提示 CPU 占用率达 100%。

（4）桌面图标发生变化；鼠标指针自己随意乱动，不受控制。

（5）数据或程序丢失，原来正常的文件内容发生变化或变成乱码。

（6）出现怪异的文件名称，且文件的内容和大小发生变化。

（四）实验实施

使用 360 杀毒保护计算机

360 杀毒不仅能够查杀计算机中的病毒，还能够对计算机进行安全防护。下面就使用 360 杀毒保护计算机，具体操作如下。

微课：使用360
杀毒保护计算机
的具体操作

（1）查杀病毒。双击桌面上的"360 杀毒"图标启动 360 杀毒，打开其操作界面。单击"快速扫描"按钮，开始扫描计算机中是否存在病毒，并显示扫描进度。扫描完成后将弹出提示框，显示扫描到的风险项目。单击选中对应风险项目的复选框，单击"立即处理"按钮，如图 10-6 所示，360 杀毒将自动处理这些风险项目，完成后将弹出提示框，用户需要重新启动计算机完成杀毒操作。

图 10-6　查杀病毒

（2）设置病毒实时防护。在360杀毒的操作界面中单击右上角的"设置"超链接，打开"360杀毒-设置"对话框，在该对话框中可以设置病毒的防护选项。这里单击"实时防护设置"选项卡，在"防护级别设置"栏中拖动滑块，将防护级别设置为"中"，单击"确定"按钮，如图10-7所示，也可以单击对话框左下角的"恢复默认设置"超链接，应用360杀毒的标准设置。

图10-7　设置病毒实时防护

（五）实验练习

使用360杀毒查杀病毒

使用360杀毒查杀病毒，要求如下。

（1）使用360杀毒的自定义扫描功能，对计算机的系统盘进行病毒查杀。

（2）使用360杀毒的宏病毒扫描功能，查杀计算机中的宏病毒。

微课：使用360
杀毒查杀病毒的
具体操作

第 2 部分
习题集

习题一
计算机与信息技术基础

一、单选题

1. （　　）被誉为"现代电子计算机之父"。
   A. 查尔斯·巴贝　　　　B. 阿塔诺索夫　　　　C. 图灵　　　　D. 冯·诺依曼
2. 世界上第一台通用电子计算机 ENIAC 诞生于（　　）年。
   A. 1943　　　　B. 1946　　　　C. 1949　　　　D. 1950
3. 计算机存储容量的单位是（　　）。
   A. Bit　　　　B. Byte　　　　C. MB　　　　D. KB
4. 定点数常用的编码方案不包括（　　）。
   A. 原码　　　　B. 反码　　　　C. 正码　　　　D. 补码
5. ASCII 编码采用最多的是奇偶校验形成的（　　）位编码。
   A. 7　　　　B. 8　　　　C. 64　　　　D. 128
6. 将二进制数 111110 转换成十进制数是（　　）。
   A. 62　　　　B. 60　　　　C. 58　　　　D. 56
7. 将十进制数 121 转换成二进制数是（　　）。
   A. 1111001　　　　B. 1110010　　　　C. 1001111　　　　D. 1001110
8. 下列各进制的数中，值最大的是（　　）。
   A. 十六进制数 34　　　　B. 十进制数 55
   C. 八进制数 63　　　　D. 二进制数 110010
9. 用 8 位二进制数能表示的最大的无符号整数等于十进制整数（　　）。
   A. 255　　　　B. 256　　　　C. 128　　　　D. 127
10. 将八进制数 16 转换为二进制数是（　　）。
    A. 111101　　　　B. 111010　　　　C. 001111　　　　D. 001110

二、多选题

1. 计算机的发展趋势主要包括（　　）等方面。
   A. 巨型化　　　　B. 微型化　　　　C. 网络化　　　　D. 智能化
2. 下面关于计算机发展阶段中采用的元器件的说法正确的是（　　）。
   A. 第一代计算机采用电子管　　　　B. 第二代计算机采用晶体管
   C. 第三代计算机采用集成电路　　　　D. 第四代计算机采用光纤
3. 下列属于多媒体技术应用领域的有（　　）。
   A. 教育　　　　B. 广告宣传　　　　C. 信息监测　　　　D. 视频会议

4. 计算机在现代教育中的主要应用有计算机辅助教学、计算机模拟、多媒体教室和
（　　　）。
   A. 网上教学　　　　　　　B. 家庭娱乐　　　　　　C. 电子试卷　　　　D. 电子大学

5. 对于计算机结构而言，其硬件结构的核心部分包括（　　　）。
   A. 运算器　　　　　　　　B. 输入设备　　　　　　C. 输出设备　　　　D. 控制器

6. 以下属于第四代计算机主要特点的有（　　　）。
   A. 计算机走向微型化，性能大幅度提高
   B. 主要用于军事和国防领域
   C. 软件越来越丰富，为网络化创造了条件
   D. 计算机逐渐走向人工智能化，并采用了多媒体技术

7. 下列属于汉字编码方式的有（　　　）。
   A. 输入码　　　　　　　　B. 识别码　　　　　　　C. 交换码　　　　　D. 机内码

8. 可以作为计算机数据单位的有（　　　）。
   A. 字母　　　　　　　　　B. 字节　　　　　　　　C. 位　　　　　　　D. 兆

9. 算法应该具备的特征有（　　　）。
   A. 可行性　　　　　　　　B. 有穷性　　　　　　　C. 输入与输出　　　D. 确定性

三、判断题

1. 人们常说的计算机一般指通用计算机。（　　　）

2. 微机最早出现在第三代计算机中。（　　　）

3. 冯·诺依曼原理是计算机唯一的工作原理。（　　　）

4. 第四代电子计算机主要采用中、小规模集成电路。（　　　）

5. 冯·诺依曼提出的计算机体系结构的设计理论是采用二进制和存储程序方式。（　　　）

6. 第三代计算机的逻辑部件采用的是小规模集成电路。（　　　）

7. 计算机应用包括科学计算、信息处理和自动控制等。（　　　）

8. 在计算机内部，一切信息的存储、处理与传送都采用二进制来表示。（　　　）

9. 一个字符的标准 ASCII 占一个字节的存储量，其最高位的二进制值为 0。（　　　）

10. 大写英文字母的 ASCII 值大于小写英文字母的 ASCII 值。（　　　）

11. 同一个英文字母的 ASCII 和它在汉字系统下的全角内码是相同的。（　　　）

12. 一个字符的 ASCII 与它的内码是不同的。（　　　）

13. 标准 ASCII 表的每一个 ASCII 都能在屏幕上显示成一个相应的字符。（　　　）

14. 国际通用的 ASCII 由大写字母、小写字母和数字组成。（　　　）

15. 国际通用的 ASCII 是 7 位码。（　　　）

16. 算法的步骤必须是有限的。（　　　）

17. 算法的描述方法包括形式化描述、非形式化描述、全角化描述和半角化描述 4 种。
（　　　）

习题二
计算机系统的构成

一、单选题

1. 从微机的外观上看，其主要由（　　）、显示器、鼠标和键盘等部分组成。
   A. 主机　　　　　　　B. CPU　　　　　　　C. 主板　　　　　　　D. 内存

2. CPU 中包含（　　）。
   A. 运算器、控制器和寄存器　　　　　　B. 运控器、存储器和外部设备
   C. 运算器、高速缓冲存储器和主板　　　D. 内存和外部设备

3. 计算机中的存储器包括（　　）和外存储器。
   A. 光盘　　　　　　　B. 硬盘　　　　　　　C. 内存储器　　　　　D. 半导体存储单元

4. 操作系统的功能是管理计算机的全部软件和（　　）。
   A. 非系统软件　　　　B. 操作系统　　　　　C. 硬件　　　　　　　D. 工具软件

5. 目前常用的硬盘包括机械硬盘和（　　）。
   A. 单碟硬盘　　　　　B. 多碟硬盘　　　　　C. 固态硬盘　　　　　D. 移动硬盘

6. 处理器管理又称（　　）。
   A. 调度管理　　　　　B. 进程管理　　　　　C. 分配管理　　　　　D. 进程控制

7. 存储管理主要是指对（　　）的管理。
   A. 存储器　　　　　　B. 内存　　　　　　　C. 硬盘　　　　　　　D. 计算机

8. DOS 采用（　　）结构的方式对所有文件进行组织与管理。
   A. 网状　　　　　　　B. 树形　　　　　　　C. 中心　　　　　　　D. 分布

9. 主板上主要的芯片包括（　　）和芯片组等。
   A. 南桥芯片　　　　　B. BIOS 芯片　　　　　C. 北桥芯片　　　　　D. 集成芯片

10. 国产操作系统主要是以（　　）操作系统为基础进行二次开发的操作系统。
    A. Windows　　　　　B. UNIX　　　　　　　C. Harmony OS　　　　D. Linux

二、多选题

1. 计算机主机箱中的硬件包括（　　）。
   A. CPU　　　　　　　B. 鼠标　　　　　　　C. 内存　　　　　　　D. 主板

2. 下列属于计算机组成部分的有（　　）。
   A. 运算器　　　　　　　　　　　　　　　B. 控制器
   C. 总线　　　　　　　　　　　　　　　　D. 输入设备和输出设备

3. 常用的输出设备有（　　）。
   A. 显示器　　　　　　B. 扫描仪　　　　　　C. 打印机　　　　　　D. 键盘和鼠标

4. 输入设备是微机中必不可少的组成部分，下列属于常见的输入设备的有（　　　）。

    A．鼠标   B．扫描仪   C．打印机   D．键盘

5. 个人计算机必备的外部设备有（　　　）。

    A．储存器   B．鼠标   C．键盘   D．显示器

6. 在计算机中，操作系统的基本功能包括（　　　）。

    A．存储管理   B．设备管理   C．文件管理   D．网络管理

7. 计算机内存由（　　）构成。

    A．随机存储器   B．主存储器   C．附加存储器   D．只读存储器

8. 下列选项中，属于计算机外部设备的有（　　　）。

    A．输入设备   B．输出设备

    C．中央处理器和主存储器   D．外存储器

9. 下列属于国产操作系统的有（　　　）。

    A．Windows   B．银河麒麟   C．UNIX   D．红旗 Linux

10. 目前广泛使用的操作系统种类很多，主要有（　　　）。

    A．DOS   B．UNIX   C．Windows   D．Basic

三、判断题

1. CPU 是中央处理器的英文的缩写，它既是计算机的指令中枢，也是系统的最高执行单位。（　　　）

2. 目前，市场上销售的 CPU 产品主要有 Intel 和 AMD 两大类，国产的 CPU 产品则有龙芯（LOONGSON）和飞腾（Phytium）等。（　　　）

3. 主机包括 CPU 和显示器。（　　　）

4. 硬盘是计算机中主要的外部存储设备，通常用于存放临时性的数据和程序。（　　　）

5. 当计算机电源关闭时，存于内存的数据会丢失。（　　　）

6. 为计算机提供动力的硬件是 CPU。（　　　）

7. 打印机属于计算机硬件设备中的一种输入设备。（　　　）

8. 显示卡和显示器这两个硬件是计算机系统的主要输出设备。（　　　）

9. 操作系统的使用界面只有图形一种。（　　　）

10. 最早版本的 Windows 操作系统是 Windows XP。（　　　）

11. 在 DOS 中，上级目录与下级目录之间存在一种父子关系。（　　　）

12. UNIX 网络操作系统一般用于大型的网站或大型的企、事业局域网。（　　　）

13. 显示器属于输入设备。（　　　）

14. 从读写速度上看，机械硬盘优于固态硬盘。（　　　）

习题三
操作系统基础

一、单选题

1. Windows 是一种（　　）。
   A．操作系统 　　　B．文字处理系统 　　　C．电子应用系统 　　　D．应用软件
2. 在打开的窗口之间进行切换的快捷键为（　　）。
   A．"Ctrl+Tab" 　　　　　　　　　B．"Alt+Tab"
   C．"Alt+Esc" 　　　　　　　　　D．"Ctrl+Esc"
3. 在 Windows 中，可以按（　　）打开"开始"菜单。
   A．"Ctrl+Tab"组合键 　　　　　　B．"Alt+Tab"组合键
   C．"Alt+Esc"组合键 　　　　　　D．Windows 功能键
4. 在 Windows 中，按住鼠标左键拖动（　　），可缩放窗口。
   A．标题栏 　　　B．对话框 　　　C．滚动框 　　　D．边框
5. 应用程序窗口被最小化后，要重新运行该应用程序可以（　　）。
   A．单击应用程序图标 　　　　　　B．双击应用程序图标
   C．拖动应用程序图标 　　　　　　D．指向应用程序图标
6. 复选框指在所列的选项中（　　）。
   A．只能选一项 　　　B．可以选多项 　　　C．必须选多项 　　　D．必须选全部项
7. 打开快捷菜单的操作为（　　）。
   A．单击 　　　B．右击 　　　C．双击 　　　D．三击
8. 不可能显示在"开始"菜单的内容为（　　）。
   A．"我的电脑"图标 　　　　　　B．文件资源管理器
   C．"控制面板"图标 　　　　　　D．Word 程序图标
9. 只是提供管理文件的索引，但文件并没有真正地被存放在其中，这种文件管理形式被称为（　　）。
   A．文件夹 　　　B．库 　　　C．文件 　　　D．文件管理器
10. 在 Windows 10 中，切换不同输入法的快捷键为（　　）。
   A．"Win+ 空格" 　　　　　　　　B．"Win+P"
   C．"Win+Tab" 　　　　　　　　D．"Alt+Tab"

二、多选题

1. 窗口的组成元素包括（　　）等。
   A．标题栏 　　　B．滚动条 　　　C．菜单栏 　　　D．窗口工作区

2. 在 Windows 10 专业版操作系统中，桌面不包含的元素有（　　）。

    A. 菜单栏　　　　　B. 鼠标指针　　　　　C. 任务栏　　　　　　　D. 工具栏

3. 鼠标的基本操作包括（　　）。

    A. 单击　　　　　　B. 双击　　　　　　　C. 右击　　　　　　　　D. 移动定位

4. 在文件资源管理器中可以进行与文件夹相关的操作有（　　）。

    A. 复制　　　　　　B. 新建　　　　　　　C. 删除　　　　　　　　D. 账号注销

5. 要把 C 盘中的某个文件夹或文件移动到 D 盘中，可使用的方法有（　　）。

    A. 将其从 C 盘窗口直接拖动到 D 盘窗口中

    B. 在 C 盘窗口中选择该文件或文件夹，按"Ctrl+X"组合键剪切，在 D 盘窗口中按
       "Ctrl+V"组合键粘贴

    C. 在 C 盘窗口按住"Shift"键将其拖动到 D 盘窗口中

    D. 在 C 盘窗口按住"Ctrl"键将其拖动到 D 盘窗口中

6. 文件夹中可存放（　　）。

    A. 文件　　　　　　B. 程序　　　　　　　C. 图片　　　　　　　　D. 文件夹

7. 对窗口的操作结束后应关闭窗口，关闭窗口的方法有（　　）。

    A. 单击窗口标题栏右上角的"关闭"按钮

    B. 在窗口的标题栏上单击鼠标右键，在弹出的快捷菜单中选择"关闭"命令

    C. 将鼠标指针移动到任务栏中某个任务缩略图上，单击其右上角的▨按钮

    D. 按"Alt+F4"组合键

8. 在 Windows 10 操作系统中，属于个性化设置的有（　　）。

    A. 复制文件夹　　　B. 桌面背景　　　　　C. 重命名文件　　　　　D. 锁屏界面

三、判断题

1. 最大化后的窗口不能进行窗口位置和大小的调整操作。（　　）

2. 通常在程序窗口中按"F1"键可以获取该程序的帮助信息。（　　）

3. 在 Windows 10 中，窗口的大小可以改变。（　　）

4. 准备打字时，将左手的食指放在"F"键上，右手的食指放在"J"键上。（　　）

5. 无法给文件夹创建快捷方式。（　　）

6. 在不同状态下，鼠标指针的表现形式都一样。（　　）

7. 最大化窗口可以将当前窗口放大到整个屏幕显示。（　　）

8. 硬盘分区是指将硬盘的存储空间划分为几个独立的区域，方便存储和管理数据。
   （　　）

9. 删除的文件或文件夹实际上是移到"回收站"中。（　　）

10. Windows 10 操作系统的界面和窗口都有统一的样式，不能更改。（　　）

习题四
计算机网络与Internet

一、单选题

1. 根据计算机网络覆盖的地域范围与规模，可以将其分为（　　）。
   A. 局域网、城域网和广域网　　　　　　　B. 局域网、城域网和互联网
   C. 局域网、区域网和广域网　　　　　　　D. 以太网、城域网和广域网

2. （　　）协议是 Internet 最基本的协议。
   A. X.25　　　　　　B. TCP/IP　　　　　　C. FTP　　　　　　D. UDP

3. Internet 与 WWW 的关系是（　　）。
   A. 均为互联网，只是名称不同
   B. WWW 是 Internet 上最受欢迎、最为流行的信息检索工具
   C. Internet 与 WWW 没有关系
   D. Internet 就是 WWW

4. 在 www.×××.edu.cn 这个域名中，子域名 edu 表示（　　）。
   A. 国家名称　　　B. 政府部门　　　C. 主机名称　　　D. 教育部门

5. 如果电子邮件中带有附加文件，则表示该邮件（　　）。
   A. 设有优先级　　B. 带有标记　　　C. 带有附件　　　D. 可以转发

6. 以下不属于无线传输介质的是（　　）。
   A. 无线电波　　　B. 微波　　　　　C. 空气　　　　　D. 红外线

7. 下列属于搜索引擎的是（　　）。
   A. 百度　　　　　B. 爱奇艺　　　　C. 迅雷　　　　　D. Word

8. WWW 是一种基于（　　）的、方便用户在 Internet 上搜索和浏览信息的信息服务系统。
   A. 超文本　　　　B. IP 地址　　　　C. 域名　　　　　D. 协议

9. 如果在发送邮件时选择（　　），则收件人不会知道该邮件的其他收件人。
   A. 密件抄送　　　B. 回复　　　　　C. 定时发送　　　D. 添加附件

10. Internet 的 IP 中的 E 类地址，每个 IP 由（　　）位二进制数组成。
    A. 16　　　　　　B. 32　　　　　　C. 64　　　　　　D. 128

二、多选题

1. IP 通常可分成两部分，它们分别是（　　）。
   A. 类别　　　　　B. 网络号　　　　C. 主机号　　　　D. 域名

2. 下列选项中，（　　）是接入 Internet 的方法。
   A. ADSL　　　　　B. 电子邮件　　　C. 光纤　　　　　D. 浏览器

3. 电子邮件与传统的邮件相比，其优点主要包括（　　　）。

    A. 使用简单　　　　　　　　　　　　B. 可以包含声音、图像等信息

    C. 价格低　　　　　　　　　　　　　D. 易于保存

4. 关于域名 www.a**.org，说法正确的有（　　　）。

    A. 使用的是中国非营利组织的服务器　　　　B. 最高层域名是 org

    C. 组织机构的缩写是 a**　　　　　　　　　D. 使用的是美国非营利组织的服务器

三、判断题

1. TCP/IP 是 Internet 上使用的协议。（　　　）

2. WWW 是一种基于超文本方式的信息查询工具。（　　　）

3. 域名的最高层均代表国家。（　　　）

4. 数据通信系统一般由数据终端设备、通信控制器和通信信道 3 个部分组成。（　　　）

5. 在无线传输介质中，微波具有抗干扰性强、保密性强等优点。（　　　）

6. 域名系统由若干子域名构成，子域名之间用小数点来分隔。（　　　）

7. 一个完整的域名不超过 255 个字符，子域级数不予限制。（　　　）

8. Web 是一种传输用超文本标记语言编写的文本协议，这种文本就是通常所说的网页。
（　　　）

9. 百度、搜狗、谷歌、雅虎、搜狐、爱奇艺、迅雷、360 搜索等都是搜索引擎。（　　　）

四、操作题

1. 打开"新浪"首页，通过该页面打开"新浪新闻"页面，在其中浏览新闻，并将页面保存到指定的文件夹下。

2. 在百度中搜索"流媒体"的相关信息，然后将需要的信息复制到记事本中，保存到桌面。

3. 在百度中搜索"FlashFXP"的相关信息，然后将该软件下载到计算机的桌面上。

4. 将 yeyuwusheng@163.com 添加到联系人中，然后向该邮箱发送一封邮件，主题为"会议通知"，正文为"请于周三 14:00 准时到会议室参加季度总结会议"。

5. 将当前接收的"会议通知"邮件抄送给 yeyuwusheng@163.com。

习题五

文档编辑软件Word 2016

一、单选题

1. 将插入点定位到"风吹草低见牛羊"中的"草"与"低"之间,按"Delete"键,则该句子为（　　）。

   A. 风吹草见牛羊　　　　　　　　　　　B. 风吹见牛羊

   C. 整句被删除　　　　　　　　　　　　D. 风吹低见牛羊

2. 如果要隐藏文档中的标尺,可以通过（　　）选项卡来实现。

   A. "插入"　　　　B. "编辑"　　　　C. "视图"　　　　D. "开始"

3. 选择文本,在"字体"组中单击"字符边框"按钮,可（　　）。

   A. 为所选文本添加默认边框样式　　　　B. 为当前段落添加默认边框样式

   C. 为所选文本所在的行添加边框样式　　D. 自定义所选文本的边框样式

4. 为文本添加项目符号后,"项目符号库"栏下的"更改列表级别"选项将呈可用状态,此时（　　）。

   A. 在其子菜单中可调整当前项目符号的级别

   B. 在其子菜单中可更改当前项目符号的样式

   C. 在其子菜单中可自定义当前项目符号的级别

   D. 在其子菜单中可自定义当前项目符号的样式

5. Word 中的格式刷可用于复制文本或段落的格式,若要将选择的文本或段落的格式重复应用多次,应（　　）。

   A. 单击格式刷　　　B. 双击格式刷　　　C. 右击格式刷　　　D. 拖动格式刷

6. 在 Word 中,输入的文字默认的对齐方式是（　　）。

   A. 左对齐　　　　　B. 右对齐　　　　　C. 居中对齐　　　　D. 两端对齐

二、多选题

1. 下列操作中,可以打开 Word 文档的操作有（　　）。

   A. 双击已有的 Word 文档　　　　　　　B. 选择"文件"/"打开"命令

   C. 按"Ctrl+O"组合键　　　　　　　　D. 选择"文件"/"最近所用的文件"命令

2. 在 Word 中,能关闭文档的操作有（　　）。

   A. 选择"文件"/"关闭"命令

   B. 单击文档标题栏右侧的关闭按钮

   C. 在标题栏上单击鼠标右键,在弹出的快捷菜单中选择"关闭"命令

   D. 选择"文件"/"保存"命令

3. 在 Word 中，文档可以保存为（   ）格式。

    A. 网页   B. 纯文本   C. PDF 文档   D. RTF 文档

4. 在 Word 中，"查找和替换"对话框中的查找内容包括（   ）。

    A. 样式   B. 字体   C. 段落标记   D. 图片

5. 在 Word 中，可以将边框添加到（   ）。

    A. 文字   B. 段落   C. 页面   D. 表格

6. 在 Word 中选择多个图形，可（   ）。

    A. 按"Ctrl"键，依次选择   B. 按"Shift"键，依次选择

    C. 按"Alt"键，依次选择   D. 按"Shift+Ctrl"组合键，依次选择

三、判断题

1. 在 Word 中，可将正在编辑的文档另存为一个纯文本（TXT）文件。（   ）

2. 在 Word 中，允许同时打开多个文档。（   ）

3. 第一次启动 Word 后系统将自动创建一个空白文档，并将其命名为"新文档 .docx"。
（   ）

4. 使用"文件"菜单中的"打开"命令可以打开一个已存在的 Word 文档。（   ）

5. 保存已有文档时，程序不会做任何提示，而是直接将修改保存下来。（   ）

6. 在默认情况下，Word 是以可读写的方式打开文档的。为了保护文档不被修改，用户可以设置以只读方式或以副本方式打开文档。（   ）

7. 要在 Word 中向前滚动一页，可通过按"PageDown"键来完成。（   ）

8. 在按住"Ctrl"键的同时滚动鼠标滚轮可以调整显示比例，滚轮每滚动一格，显示比例增大或减小 100%。（   ）

9. 在 Word 中，滚动条的作用是控制文档内容在页面中的位置。（   ）

10. 在 Word 的浮动工具栏中只能设置字体的字形、字号和颜色。（   ）

四、操作题

在"推广方案"文档（素材 \ 第 5 章 \ 推广方案 .docx）中插入艺术字、SmartArt 图形及表格，并对艺术字、SmartArt 图形及表格的样式等进行设置（效果 \ 第 5 章 \ 推广方案 .docx），要求如下。

（1）打开"推广方案"文档，插入和编辑艺术字。

（2）插入、编辑和美化 SmartArt 图形。

（3）插入表格和输入表格内容。

（4）编辑和美化表格，完成后保存文档。

习题六
电子表格软件Excel 2016

一、单选题

1. Excel 的主要功能是（   ）。
   A. 表格处理、文字处理、文件管理　　　　B. 表格处理、网络通信、图形处理
   C. 表格处理、数据库处理、图形处理　　　D. 表格处理、数据处理、网络通信

2. Excel 2016 工作簿文件的扩展名为（   ）。
   A. .xlsx　　　　B. .docx　　　　C. .pptx　　　　D. .xls

3. 按（   ），可执行保存 Excel 工作簿的操作。
   A. "Ctrl ＋ C" 组合键　　　　　　　B. "Ctrl ＋ E" 组合键
   C. "Ctrl ＋ S" 组合键　　　　　　　D. "Esc" 键

4. 在 Excel 中，Sheet1、Sheet2 等表示（   ）。
   A. 工作簿名　　　　B. 工作表名　　　　C. 文件名　　　　D. 数据

5. 在 Excel 中，组成电子表格最基本的单位是（   ）。
   A. 数字　　　　B. 文本　　　　C. 单元格　　　　D. 公式

6. 工作表是由行和列组成的表格，行、列分别用（   ）表示。
   A. 数字和数字　　　B. 数字和字母　　　C. 字母和字母　　　D. 字母和数字

7. 在 Excel 工作表中，"格式刷" 按钮的功能为（   ）。
   A. 复制文字　　　　　　　　　　　B. 复制格式
   C. 重复打开文件　　　　　　　　　D. 删除当前所选内容

8. 在 Excel 工作表中，如果要同时选择若干个不连续的单元格，可以（   ）。
   A. 按住 "Shift" 键，依次单击所需单元格
   B. 按住 "Ctrl" 键，依次单击所需单元格
   C. 按住 "Alt" 键，依次单击所需单元格
   D. 按住 "Tab" 键，依次单击所需单元格

二、多选题

1. 与 Word 相比，Excel 操作界面中特有的部分包括（   ）。
   A. 编辑栏　　　　B. 功能区　　　　C. 工作表编辑区　　　D. 标题栏

2. 下列关于 Excel 的叙述，错误的有（   ）。
   A. Excel 将工作簿的每一张工作表分别作为一个文件来保存
   B. Excel 允许同时打开多个工作簿进行文件处理
   C. Excel 的图表必须与生成该图表的有关数据处于同一张工作表中

    D.　Excel 工作表的名称由文件名决定

3.　下列选项中，可以新建工作簿的操作有（　　　　）。

    A.　选择"文件"/"新建"命令　　　　　　　　B.　利用快速访问工具栏的"新建"按钮

    C.　双击已经存在的工作簿　　　　　　　　　D.　选择"文件"/"打开"命令

4.　在工作表的单元格中，可输入的内容包括（　　　　）。

    A.　字符　　　　　　　　B.　中文　　　　　　　　C.　数字　　　　　　　　D.　公式

5.　Excel 的自动填充功能可以自动填充（　　　　）。

    A.　数字　　　　　　　　B.　公式　　　　　　　　C.　日期　　　　　　　　D.　文本

6.　Excel 中的运算符主要包括（　　　　）。

    A.　数学运算符　　　　　B.　文字运算符　　　　　C.　比较运算符　　　　　D.　逻辑运算符

7.　修改单元格中的数据的正确方法有（　　　　）。

    A.　在编辑栏中修改　　　　　　　　　　　　B.　利用"开始"功能区中的按钮

    C.　复制和粘贴　　　　　　　　　　　　　　D.　在单元格中修改

三、判断题

1.　可以利用自动填充功能对公式进行复制。（　　　　）

2.　如果使用绝对引用，公式不会改变；如果使用相对引用，则公式会改变。（　　　　）

3.　混合引用指引用的单元格地址中既有绝对单元格地址，又有相对单元格地址。
  （　　　　）

4.　用 Excel 绘制的图表，其图表中图例文字的字样是可以改变的。（　　　　）

5.　在 Excel 中创建图表，指在工作表中插入一张图片。（　　　　）

6.　Excel 公式一定会在单元格中显示出来。（　　　　）

7.　在完成复制公式的操作后，系统会自动更新单元格内容，但不计算结果。（　　　　）

8.　Excel 一般会自动选择求和范围，用户也可自行选择求和范围。（　　　　）

9.　分类汇总是按一个字段进行分类汇总，而数据透视表数据则适合按多个字段进行分类
  汇总。（　　　　）

10.　在 Excel 的单元格引用中，如果单元格地址不会随位移的方向和大小的改变而改变，
   则该引用为相对引用。（　　　　）

四、操作题

打开"员工工资表"工作簿（素材\第 6 章\员工工资表 .xlsx），按以下要求进行操作（效果\第 6 章\员工工资表 .xlsx）。

（1）使用求和公式计算"工资汇总"列的值，其值等于基本工资＋绩效工资＋提成＋工龄工资。

（2）对表格进行美化，设置对齐方式为"居中对齐"。

（3）将基本工资、绩效工资、提成、工龄工资和工资汇总的数据格式设置为"会计专用"。

（4）使用降序排列的方式对工资汇总进行排序，并将大于 4000 的数据设置为"红色"。

习题七
演示文稿软件PowerPoint 2016

一、单选题

1. 在 PowerPoint 中，演示文稿与幻灯片的关系是（　　）。
   A. 同一概念
   B. 相互包含
   C. 演示文稿中包含幻灯片
   D. 幻灯片中包含演示文稿

2. 使用 PowerPoint 制作幻灯片时，主要通过（　　）区域制作幻灯片。
   A. 状态栏
   B. 幻灯片区
   C. 大纲区
   D. 备注区

3. PowerPoint 2016 演示稿的扩展名是（　　）。
   A. .potx
   B. .pptx
   C. .docx
   D. .dotx

4. 在 PowerPoint 2016 的下列视图中，（　　）可以进行文本的输入。
   A. 普通视图、幻灯片浏览视图、大纲视图
   B. 大纲视图、备注页视图、幻灯片放映视图
   C. 普通视图、大纲视图、幻灯片放映视图
   D. 普通视图、大纲视图、备注页视图

5. 在幻灯片中插入的图片盖住了文字，可通过（　　）来调整叠放顺序。
   A．叠放次序命令
   B．设置
   C．组合
   D．"格式" / "排列" 组

6. 插入新幻灯片的方法是（　　）。
   A. 单击 "开始" / "幻灯片" 组中的 "新建幻灯片" 按钮
   B. 按 "Enter" 键
   C. 按 "Ctrl+M" 组合键
   D. 以上方法均可

7. 启动 PowerPoint 后，可通过（　　）创建演示文稿文件。
   A. 选择 "文件" / "新建" 命令
   B. 在自定义快速访问工具栏中选择 "新建" 选项
   C. 按 "Ctrl+N" 组合键
   D. 以上方法均可

8. 在下列操作中，不能删除幻灯片的操作是（　　）。
   A. 在 "幻灯片" 窗格中选择幻灯片，按 "Delete" 键
   B. 在 "幻灯片" 窗格中选择幻灯片，按 "Backspace" 键
   C. 在 "幻灯片" 窗格中选择幻灯片，单击鼠标右键，在弹出的快捷菜单中选择 "删除幻灯片" 命令

    D. 在"幻灯片"窗格中选择幻灯片，单击鼠标右键，在弹出的快捷菜单中选择"重设幻灯片"命令

二、多选题

1. 下列关于在 PowerPoint 中创建新幻灯片的叙述，正确的有（　　　）。
    A. 新幻灯片可以用多种方式创建
    B. 新幻灯片只能通过"幻灯片"窗格来创建
    C. 新幻灯片的输出类型可以根据需要来设置
    D. 新幻灯片的输出类型固定不变

2. 下列关于在幻灯片占位符中插入文本的叙述，正确的有（　　　）。
    A. 对插入的文本一般不加限制　　　　B. 对插入的文本文件有很多限制条件
    C. 插入标题文本一般在状态栏进行　　D. 插入标题文本可以在大纲区进行

3. 在 PowerPoint 幻灯片浏览视图中，可进行的操作有（　　　）。
    A. 复制幻灯片　　　　　　　　　　　B. 对幻灯片文本内容进行编辑
    C. 设置幻灯片的切换效果　　　　　　D. 设置幻灯片对象的动画效果

4. 下列操作中，会打开"另存为"对话框的有（　　　）。
    A. 打开某个演示文稿，修改后保存　　B. 建立演示文稿的副本，以不同的文件名保存
    C. 第一次保存演示文稿　　　　　　　D. 将演示文稿保存为其他格式的文件

5. 为了便于编辑和调试演示文稿，PowerPoint 提供了多种视图，这些视图包括（　　　）。
    A. 普通视图　　B. 幻灯片浏览视图　　　C. 幻灯片放映视图　　　D. 备注页视图

三、判断题

1. 母版可用来为同一演示文稿中的所有幻灯片设置统一的版式和格式。（　　　）

2. 为一张幻灯片所做的背景设置能应用于所有的幻灯片中。（　　　）

3. 在 PowerPoint 中创建了幻灯片后，该幻灯片即具有了默认的动画效果，如果用户对该效果不满意，可重新设置。（　　　）

4. 一张幻灯片中最多只能插入 3 张图片。（　　　）

5. 在 PowerPoint 中，排练计时是经常使用的一种设定时间的方法。（　　　）

四、操作题

新建演示文稿，并进行下列操作。

（1）打开"新员工入职培训"演示文稿（素材\第 7 章\新员工入职培训 .pptx），根据母版添加新的幻灯片。

（2）在不同幻灯片中插入文本框、形状、图片（素材\第 7 章\图片\）和 SmartArt 图形。

（3）输入文本内容并设置格式。

（4）为多个对象设置动画。

（5）将演示文稿保存为"新员工入职培训"演示文稿（效果\第 7 章\新员工入职培训 .pptx）。

习题八

多媒体技术及应用

一、单选题

1. 多媒体技术的主要特点有（　　）。
   ① 多样性　　② 集成性　　③ 交互性　　④ 实时性
   A. ①　　　　　　　B. ①、②　　　　　C. ①、②、③　　　　D. 全部

2. 多媒体计算机中的媒体信息指（　　）。
   ① 数字、文字　　② 声音、图形　　③ 动画、视频　　④ 图像
   A. ①　　　　　　　B. ②　　　　　　　C. ③　　　　　　　　D. 全部

3. 多张图形或图像按一定顺序组成时间序列就是（　　）。
   A. 图片　　　　　　B. 视频　　　　　　C. 动画　　　　　　　D. 图像

4. 在美图秀秀中，处理人物头像通常使用（　　）功能。
   A. 美化图片　　　　B. 抠图　　　　　　C. 拼图　　　　　　　D. 人像美容

5. 在快剪辑中，为两个视频素材之间应用一种特殊过渡特效叫作（　　）。
   A. 添加视频　　　　B. 添加转场　　　　C. 添加文本　　　　　D. 添加音乐

6. 使用快剪辑制作视频时，操作界面中主要用于视频编辑的部分叫作（　　）。
   A. 显示区　　　　　B. 素材区　　　　　C. 效果区　　　　　　D. 编辑区

二、多选题

1. 多媒体技术内容涵盖丰富，具有（　　）的特点。
   A. 多样性　　　　　B. 集成性　　　　　C. 交互性　　　　　　D. 实时性

2. 在研制多媒体计算机的过程中需要解决很多关键技术，其中包括（　　）。
   A. 数字图像技术　　　　　　　　　　　B. 数字音频技术
   C. 数据压缩与编码技术　　　　　　　　D. 多媒体通信技术

3. 美图秀秀的常用功能包括（　　）。
   A. 美化图片　　　　B. 人像美容　　　　C. 拼图　　　　　　　D. 抠图

4. 使用快剪辑制作视频时，可以在视频中添加的素材包括（　　）。
   A. 视频　　　　　　B. 音乐　　　　　　C. 图片　　　　　　　D. 文字

5. 使用快剪辑制作视频时，以下可以实现的操作有（　　）。
   A. 将从网络中下载的 MP3 格式的音频文件导入视频中
   B. 为视频应用滤镜
   C. 不分割视频或音频，但缩短视频或音频的播放时长
   D. 为视频中的人物进行美颜

6. 下面关于多媒体技术的说法，正确的是（　　　）。

    A. 多媒体技术的特点决定了多媒体技术适用于电子商务、教学和通信等众多领域

    B. 智能多媒体技术包括文字、语音的识别和输入，图形的识别和理解以及人工智能等

    C. 多媒体营销包括图片营销、视频营销和直播营销等主流方式

    D. 视频文件的常用格式包括 AI、MPG、FCI/FLC 等

三、判断题

1. 运用多媒体技术可以在网页中以更精美、优质的页面来展示大量关于商品的文字、图像、视频等信息，吸引用户浏览。（　　　）

2. 随着移动互联网和多媒体技术的发展，多媒体营销已逐渐成为企业进行网络营销的主流方式。（　　　）

3. 视频也称动态图像，由一系列的普通图片组成。（　　　）

4. 美图秀秀可以将多张图片拼接成一张图片。（　　　）

5. 使用快剪辑可以将多个视频素材合并成一个视频，还能消除原声。（　　　）

6. 使用快剪辑可以通过输入具体时间的方式剪切视频。（　　　）

四、操作题

1. 使用美图秀秀制作一张植树节的海报（效果\第8章\植树节海报.jpg），要求如下。

（1）打开美图秀秀，导入素材图片（素材\第8章\绿树.jpeg），为其应用"智能绘色"滤镜。

（2）为图片添加一个两张图片的模板拼图。

（3）在图片下部添加一个标注型会话气泡，文字内容为"呵护每一棵小树苗 共建和谐绿色家园"，字体为"站酷庆科黄油体"。

（4）输入文本"植树节"，字体样式为"庞门正道粗书体、93、黑色、竖排"。

2. 使用快剪辑制作一段旅游宣传视频（效果\第8章\旅游宣传.mp4），要求如下。

（1）进入快剪辑的专业模式界面，将素材视频（素材\第8章\1.mp4～4.mp4）全部导入快剪辑中并按顺序进行剪辑，每段视频保留20秒的时长。

（2）在快剪辑自带的音乐库中选择一首舒缓的音乐添加到视频中，时长与视频素材相同，并调整播放速度和音量。

（3）为不同的视频素材添加字幕，字幕样式为其他类的"向左滚动、黑色背景白色字体"，字幕内容可以参考最终效果。

（4）为视频设置黑底白字的视频标题，并设置片尾。

习题九
信息检索

一、单选题

1. 文献检索以特定的文献为检索对象，不包括（　　）。

　　A. 全文　　　　　　B. 文摘　　　　　　C. 作者　　　　　　D. 题录

2. （　　）是目前互联网检索的核心和主要方式。

　　A. 搜索引擎　　　　B. 文献检索　　　　C. 数据检索　　　　D. 目录索引

3. 下面不需要利用一些专业的网站进行检索的是（　　）。

　　A. 图片　　　　　　B. 学位论文　　　　C. 专利　　　　　　D. 商标

二、多选题

1. 根据检索对象的不同，信息检索的类型可分为（　　）3 种

　　A. 文献检索　　　　B. 数据检索　　　　C. 事实检索　　　　D. 数字检索

2. 搜索引擎的类型包括（　　）。

　　A. 全文搜索引擎　　B. 目录索引　　　　C. 文献索引　　　　D. 元搜索引擎

3. 以下属于信息检索的流程的有（　　）。

　　A. 分析问题　　　　B. 调整检索策略　　C. 确定检索词　　　D. 输出检索结果

三、判断题

1. 事实检索是一种确定性检索，一般能够直接提供给用户所需的并确定的事实。
　　（　　）

2. 目录索引也称为分类检索，是互联网上最早提供的网站资源查询服务。（　　）

3. 商标用于区分一个经营者和其他经营者的品牌或服务。（　　）

四、操作题

1. 利用本章所学的知识，在百度中搜索一年内与"点亮青春，成长相伴"相关的内容。

2. 在专业网站中搜索有关"5G 技术"的专利信息。

3. 利用社交媒体搜索"神舟十四号"的相关信息。

习题十
信息安全与职业道德

一、单选题

1. 下列不属于影响信息安全的因素的是（　　）。
   A. 硬件因素　　　　　B. 软件因素　　　　C. 人为因素　　　D. 常规操作
2. 下列不属于计算机病毒特点的是（　　）。
   A. 传染性　　　　　　B. 危害性　　　　　C. 暴露性　　　　D. 潜伏性
3. 为了对计算机病毒进行有效的防治，用户应（　　）。
   A. 拒绝接收邮件　　　　　　　　　　B. 不下载网络资源
   C. 定期对计算机进行病毒扫描和查杀　　D. 勤换系统

二、多选题

1. 从原理上进行区分，可将密码体制分为（　　）。
   A. 对称密钥密码体制　　　　　　　　B. 非对称密钥密码体制
   C. 传统密码体制　　　　　　　　　　D. 非传统密码体制
2. 下列属于黑客常用攻击方式的有（　　）。
   A. 获取口令　　　　　　　　　　　　B. 利用账号进行攻击
   C. 电子邮件攻击　　　　　　　　　　D. 寻找系统漏洞
3. 下列属于防范计算机病毒的有效方法有（　　）。
   A. 最好不使用和打开来历不明的光盘和可移动存储设备
   B. 在上网时不随意浏览不良网站
   C. 定时扫描计算机中的文件并清除威胁
   D. 不下载和安装未经过安全认证的软件

三、判断题

1. 对称密钥密码体制又称单密钥密码体制，是一种传统密码体制。（　　）
2. 防火墙是一种位于内部网络之间的网络安全防护系统。（　　）
3. 计算机病毒能寄生在系统的启动区、设备的驱动程序、操作系统的可执行文件中。
   （　　）
4. 计算机病毒主要具有传染性、危害性、隐蔽性、潜伏性、诱惑性等特点。（　　）
5. 公开密钥密码体制的特点是公钥公开、私钥保密。（　　）
6. 根据黑客攻击手段的不同，可将其分为非破坏性攻击和破坏性攻击两种类型。
   （　　）

习题十一
计算机新技术及应用

一、单选题

1. 下列不属于云计算特点的是（　　　　）。
   A. 高可扩展性　　　　B. 按需服务　　　　C. 高可靠性　　　　D. 非网络化

2. 下列不属于大数据的内容的是（　　　　）。
   A. 结构化数据　　　B. 半结构化数据　　C. 非结构化数据　　D. 无结构化数据

3. 我国自主研发的自动驾驶汽车，现在已经在很多地方上市并使用，其运用的核心计算机新技术是（　　　　）。
   A. 人工智能　　　　B. 区块链　　　　　C. 物联网　　　　　D. 云计算

二、多选题

1. （　　　）为移动互联网的特点。
   A. 便携性　　　　　B. 即时性　　　　　C. 定向性　　　　　D. 隐私性

2. 在物联网应用中，主要涉及（　　　）几项关键技术。
   A. 传感器技术　　　B. 全息影响　　　　C. RFID 技术　　　D. 无线网络技术

3. （　　　）领域中区块链具有应用价值。
   A. 金融服务　　　　B. 智能制造　　　　C. 政企服务　　　　D. 公共服务

三、判断题

1. 云计算技术具有高可靠性和安全性。（　　　　）

2. 物联网系统不需要大量的存储资源来保存数据，重点是需要快速完成数据的分析和处理工作。（　　　　）

3. 云安全技术是云计算技术的分支，在反病毒领域获得了广泛应用。（　　　　）

4. 搜索引擎是常见的大数据系统。（　　　　）

5. 智慧物流在移动互联网领域的应用主要体现在 3 个方面，分别为仓储、运输监测和快递终端。物联网技术可以实现对货物及运输车辆的监测，包括车辆位置、状态以及货物温湿度等。（　　　　）

6. 依据节点的分布情况，区块链被划分为公有链、半公有链和私有链 3 种类型。（　　　　）

7. 电商领域的移动互联网应用主要表现为精准广告推送，电商平台可以根据用户的搜索和消费数据，向用户推荐相关的商品。（　　　　）

8. 虚拟现实技术中的模拟环境是指由计算机生成的实时动态的三维图像。（　　　　）

附录

参考答案

习题一

一、单选题

1	2	3	4	5	6	7	8	9	10
D	B	B	C	B	A	A	B	A	D

二、多选题

1	2	3	4	5	6	7	8	9
ABCD	ABC	ABD	AD	AD	ACD	ACD	BCD	ABCD

三、判断题

1	2	3	4	5	6	7	8	9	10
√	×	×	×	√	√	√	√	×	×

11	12	13	14	15	16	17
×	√	×	×	√	√	×

习题二

一、单选题

1	2	3	4	5	6	7	8	9	10
A	A	C	C	C	B	B	B	B	D

二、多选题

1	2	3	4	5	6	7	8	9	10
ACD	ABD	AC	ABD	CD	ABCD	AD	ABD	BD	ABC

三、判断题

1	2	3	4	5	6	7	8	9	10
√	√	×	×	√	×	×	√	×	×

11	12	13	14
√	√	×	×

习题三

一、单选题

1	2	3	4	5	6	7	8	9	10
A	B	D	D	A	B	B	A	B	A

二、多选题

1	2	3	4	5	6	7	8
ABCD	AD	ABCD	ABC	ABC	ABCD	ABCD	BD

三、判断题

1	2	3	4	5	6	7	8	9	10
×	√	√	√	×	×	√	√	√	×

习题四

一、单选题

1	2	3	4	5	6	7	8	9	10
A	B	B	D	C	C	A	A	A	B

二、多选题

1	2	3	4
BC	AC	ABCD	BC

三、判断题

1	2	3	4	5	6	7	8	9
√	√	×	×	×	√	√	×	×

四、操作题（略）

习题五

一、单选题

1	2	3	4	5	6
A	C	A	A	B	A

二、多选题

1	2	3	4	5	6
ABCD	ABC	ABCD	ABC	ABCD	ABD

三、判断题

1	2	3	4	5	6	7	8	9	10
√	√	×	√	√	√	×	×	×	×

四、操作题（略）

习题六

一、单选题

1	2	3	4	5	6	7	8		
C	A	C	B	C	B	B	B		

二、多选题

1	2	3	4	5	6	7		
AC	ACD	AB	ABCD	ABCD	ABCD	AD		

三、判断题

1	2	3	4	5	6	7	8	9	10
√	×	√	√	×	×	×	√	√	×

四、操作题（略）

习题七

一、单选题

1	2	3	4	5	6	7	8		
C	B	B	D	D	D	D	D		

二、多选题

1	2	3	4	5		
AC	AD	AC	BCD	ABCD		

三、判断题

1	2	3	4	5
√	√	×	×	√

四、操作题（略）

习题八

一、单选题

1	2	3	4	5	6				
D	D	C	D	B	D				

二、多选题

1	2	3	4	5	6				
ABCD	ABCD	ABCD	ABCD	ABCD	ABCD				

三、判断题

1	2	3	4	5	6				
√	√	×	√	√	√				

四、操作题（略）

习题九

一、单选题

1	2	3							
C	A	A							

二、多选题

1	2	3							
ABC	ABD	ABCD							

三、判断题

1	2	3							
√	√	√							

四、操作题（略）

习题十

一、单选题

1	2	3							
D	C	C							

二、多选题

1	2	3							
AB	ABCD	ABCD							

三、判断题

1	2	3	4	5	6				
√	×	√	√	√	√				

习题十一

一、单选题

1	2	3							
D	D	A							

二、多选题

1	2	3							
ABCD	ACD	ABCD							

三、判断题

1	2	3	4	5	6	7	8		
√	×	√	√	×	×	×	√		